船が育んだ江戸

物の運びがもたらす暮らしと文化

東京海洋大学「船が育んだ江戸」編集委員会　編

KAIBUNDO

はじめに

　世界の四大文明は川のほとりで生まれていますが，これは人々が川の恵みとともに生活してきたからなのでしょう。現代においても，ニューヨーク，ロンドン，パリなど世界の大都市の多くは川に面していますが，この理由は，鉄道や自動車のない時代に，都市に住む多くの人々に大量の生活物資を輸送する手段が船に限られていたからだと考えられます。つまり，船こそが人々の暮らしを支え，大都市への成長を後押ししてくれたと思うのです。

　江戸（現在の東京）も，徳川家康が江戸幕府を開く前後から，船を利用した物資輸送に関して，さまざまな工夫がなされてきました。全国からの生活物資は船で江戸湊に輸送され，舟に積み替えられてから河川や運河を利用して江戸市中の河岸に運ばれていきました。このように，船による物資輸送があったからこそ，江戸も百万都市へと成長することができ，このことが現在の東京の発展につながっていると考えて良いでしょう。そうなると，いささか大胆ではありますが，「船こそが，江戸を育み大都市へと成長させて，現代の東京の発展をもたらした」と考えることができるのです。

　このようなことから，東京海洋大学附属図書館越中島分館では，「船が育んだ江戸」という展示会を，平成29年（2017）から令和2年（2020）にかけて毎年1回の合計4回開催しました。展示にあたっては，本学だけでなく学外の多くの専門家にも参加していただくとともに，関係機関から資料提供や展示の協力をいただきました。「船と江戸」というテーマは比較的地味だったかもしれませんが，4回の展示会では多くの皆様にご覧していただきました。ここに，深く感謝いたします。

　この展示会の4冊の図録は，図書館のホームページにリポリトジーとして掲載されています。本書『船が育んだ江戸』は，この4冊の図録をもとに加筆したものです。

　そして，お察しいただけると思いますが，船と江戸（東京）を結び付けた「船が育んだ江戸」というタイトルは，本学の統合前の名称の一つである「東京商船大学」を意図していました。

　東京の江東区に位置する東京海洋大学海洋工学部は，その前身である東京商船大学の時代から，船長と機関長となる人材の育成とともに，航海学・機関学や物資輸送の教育研究をしてきました。この商船教育のルーツは，明治8年（1875）11月の私立三菱商船学校の設立に遡ります。明治15年4月（1882）には官立東京商船学校となり，大正14年（1925）4月東京高等商船学校となりました。その後，昭和24年（1949）11月商船大学，昭和32年（1957）4月東京商船大学となり，平成15年（2003）10月1日に東京商船大学と東京水産大学が統合して，東京海洋大学となりました。

　令和7年（2025）11月には，明治8年（1875）から数えて「商船教育創基150周年」を迎えます。

　また，東京海洋大学海洋工学部のある越中島キャンパスには，船としては重要文化財の第一号となった「明治丸」が保存されており，多くの見学者を集めています。明治丸は，明治政府のもと伊藤博文の命により，灯台の保守管理を行う灯台巡回船として明治7年（1874）にイギリスのグラスゴー

で建造されました。この明治丸は，明治8年（1875）小笠原諸島の日本政府調査団を乗せて11月21日に横浜を出港し，24日小笠原諸島父島の調査に赴きました。英国の船よりも2日早く到着したことは，小笠原諸島が日本領となった理由の一つとされています。明治9年（1876）の東北巡幸の際に，明治天皇が明治丸に乗船されました。7月18日に函館を出港し，横浜に安着された7月20日が「海の日」制定の由来となっています。そして，明治30年（1897）からは商船学校に譲渡され，係留練習帆船として使用されました。平成23年（2011）6月8日には，当時の天皇皇后両陛下（現，上皇上皇后両陛下）が明治丸の視察にお見えになっています。

令和6年（2024）は，明治7年（1874）から数えて「重要文化財，明治丸竣工150周年」でした。

本書のきっかけは，平成29年（2017）の「船が育んだ江戸」の第1回の展示会です。この展示と図録をご覧になった海文堂出版の臣永真氏から，図録の加筆による書籍化について打診がありましたので，その後の3回の展示を進めながら検討してきました。また，第2回から第4回の展示については，（一財）山縣記念財団（郷古達也理事長）から助成と後援をいただくとともに，本書についても出版助成をしていただきました。このように，多くの皆様のご協力があったからこそ，「商船教育創基150周年（2025）」と「重要文化財，明治丸竣工150周年（2024）」の2つを記念する出版が可能となった次第です。

ここに，改めて皆様方に心より感謝申し上げたいと思います。どうもありがとうございました。

本書が，船と都市の発展を繋ぐ絆の再発見に，少しでも役立つことがあれば幸いの極みです。

令和6年（2024）11月1日
東京海洋大学「船が育んだ江戸」編集委員会 代表　岩坂 直人

目　次

はじめに　iii

第1章　海　—海流・海難・海損　1

1-1　廻船航路がもたらした江戸の発展　1

1-2　日本周辺の海流の特徴　11

1-3　操船学からみた「海難」　21

1-4　物資輸送からみた「共同海損」　31

第2章　川　—河川・運河・河岸　39

2-1　江戸のまちづくりと河川舟運　39

2-2　関東地方の河川と江戸・東京　47

2-3　江戸市中の運河と流通　57

2-4　江戸の河岸と，魚河岸の変遷　66

第3章　船　—船・舟・船番所　79

3-1　船の歴史と構造　79

3-2　江戸の海運を支えた船（菱垣廻船・樽廻船と小型船）　88

3-3　廻船建造都市の誕生と変遷　97

3-4　利根川水系の水運 — 高瀬船とその操船　103

3-5　中川番所と小名木川の通行　109

第4章　恵み　—商品・取引・文化　119

4-1　廻船で江戸を酔わせた上方の酒文化　119

4-2　上州からの「山の幸」— 利根川で結ぶ江戸　129

4-3　江戸湾からの「海の幸」— 江戸前の昔と今　142

4-4　川と船が醸成した江戸文化　149

企画展示の記録（開催概要，展示目録）　159

執筆者紹介　175

第1章　　海 ―海流・海難・海損

1-1　廻船航路がもたらした江戸の発展

　慶長8年（1603）に江戸幕府が開かれると，全国各地から江戸に年貢米や生活物資を江戸に運ぶために，輸送システムが必要になりました。多くの人々が暮らすためには，多くの生活物資が必要になります。そして開発された廻船航路により，全国から江戸への生活物資を安全確実に輸送することが可能となりました。こうして江戸の発展が約束され，百万都市と言われるほど当時世界でも屈指の大都市へと江戸は成長したのです。

　ここでは，①物資輸送が支える世界の大都市，②廻船航路開発に至る背景と理由，③廻船航路開発と河村瑞賢，④江戸に物資を運ぶ船，⑤総合的な物流システムとしての廻船航路開発，⑥大坂から江戸に運ばれた物資，について紹介します。

（1）　物資輸送が支える世界の大都市

水辺に面する世界の大都市

　世界の大都市は，川や海などの水辺に面しています。東京であれば隅田川や東京湾，ニューヨークはハドソン川とニューヨーク湾，ロンドンはテームズ川，パリはセーヌ川。では，なぜ水辺に面しているのでしょうか。その理由は，水運という物資輸送の利便性にあると考えています。

　小さな街が大きな都市に発展していくためには，そこに住む人々のために，食料，飲料水，衣料品などの生活物資を，供給しなければなりません。ですから，都市の発展には，生活物資を確保する物資輸送の仕組みが不可欠だったはずです。

　そして，現在の大都市が誕生した時代には自動車や鉄道が存在していなかったので，陸上輸送では馬や荷車などしかありませんでした。また，馬や牛を使った物資輸送では，船ほど多くは運べません。当時，物資を大量輸送できるのは船や舟だけだったのです。だからこそ，世界の大都市は海や河川を利用するために，水辺に面していなければならなかったのです[1],[2]。

　同じ水辺であっても，海辺よりも川辺が注目されていました。なぜならば，常に波浪のある海よりも，波の穏やかな内陸河川は，船着き場に適していたからです。たとえば，パリはセーヌ川の流れが二分され陸上交通と交差するシテ島から始まりました。テームズ川のロンドンも，チャオプラヤ川のバンコクも，河川沿いに誕生し発展してきました。アメリカの開拓時代においても，都市は船着き場近くの土地の低い場所に人々が集まるようになって，近代的大都市の繁華街へと発展しました。この

ため，繁華街をダウンタウンと呼んでいるのです[3]。

このように，世界のどんな大都市も，そのルーツをたどれば物資輸送との関わりに行きつくことになります。物資供給と大都市成立の関係は，人々の生活や営みを考えれば，世界に共通する至極当然のことでもあるのです。

家康が江戸を選んだ理由

江戸（現 東京）は，徳川家康が居を構えることで大都市への発展が始まりました。

家康が関東の任地として江戸に赴いた理由には，いくつかの説があります。もっとも知られているのは，「家康の実力を恐れた豊臣秀吉が，京都や大阪から遠ざけるために先祖伝来の地である三河から関東に移封し，かつ武蔵国の江戸という寒村に城を構えるように命じた」という謀略説です。

室町時代の武将の太田道灌が長禄元年（1457）に築いた江戸城はとても粗末で，荒れた湿地帯のなかにありました。ここに家康が城下町を建設するとなると，多くの工事が必要で出費もかさむはずです。秀吉は，そのことを見越していたのでしょう。そのため，「家康は，しぶしぶ秀吉の命に従った」というのが多数説になっています。家康びいきの人にしてみれば，「秀吉にしてやられた」という思いでしょう。

一方で，家康は物資輸送上の利点に注目していたとの説があります。歴史学者の岡野友彦は，伊勢と品川を結ぶ太平洋海運や，銚子・関宿から浅草に通じていた利根川・常陸川水系に着目し，「中世を通じて東国水上交通の要衝であった江戸を家康が選ぶのは，あまりにも当然の選択であった」としています[4]。

どんな都市でも，大都市へと発展するためには，人々の生活物資を大量輸送できる資質を備えていなければなりません。都市には物資輸送が必須だからこそ，戦国の武将が城下町を建設するときも，水運による物資供給路を確保することは当然のことと考えて良いということになります。まして戦国の世を生き抜いてきた家康が，物資輸送を担うロジスティクス（兵站）を軽視するはずはないでしょうし，戦時の知恵を平時の都市経営に応用したと考えることもできます。そうであれば，実は家康は「江戸なら物資輸送も容易で，大都市を建設できる。全国統治のためには，江戸こそが打って付けの場所だ」と考えていたのかもしれません。

（2） 廻船航路開発に至る背景と理由

廻船航路開発の背景

慶長8年（1603）に江戸幕府が開かれると，江戸に年貢米や生活物資を，安全確実に輸送する必要が生じました。そこには，2つの背景がありました。

第1は，江戸幕府の制度です。江戸幕府が成立し年貢米による徴税制度が確立すると，全国の内陸各地から江戸や大坂（現 大阪）に米を輸送する必要が生じました。また地方の大名を一定期間江戸に住まわせる参勤交代制度が確立すると，地元から江戸に物資を輸送しなければならなくなりました。

第2は，乏しかった関東地方の生産力です。そもそも，関東地方では増加する江戸の人口に見合う食料や生活物資を生産できませんでした。一方で，畿内（大和，河内，和泉，摂津，山城）とその近傍は，米，味噌，醤油などの生産地でした。このため，河川舟運により物資が集散した大坂から，米，味噌，醤油などを，江戸に物資を輸送しなければなりませんでした。

廻船航路開発の直接的な理由

廻船航路開発の直接的な理由には，2つあると考えられます。

第1は，輸送手段としての，海上輸送の必要性です。

慶長8年（1603）に江戸幕府が開かれてから，江戸に向かう関東平野からの物資輸送は，利根川や荒川を利用した舟運に頼っていました。そして，承応3年（1654）に利根川の本流が銚子で太平洋に注ぐようになってからは，奥羽各地の物資は河川舟運で港まで運ばれ，廻船に積み替えられて沿岸を銚子まで輸送され，再び舟で利根川から関宿を経て江戸川を下り，江戸湾に面した行徳から江戸へ入るようになりました。しかしこれでは，何回かの積み替えにより，荷傷みも多かったようです。

同じように，日本海沿岸から大坂に物資を輸送するとき，瀬戸内海を経由して船で輸送していた例もありましたが，多くは水運と陸運の組み合わせでした。敦賀や小浜まで輸送し，馬や大八車に積み替えて琵琶湖まで陸送してから，船（または舟）に積み替えて湖上を大津まで輸送し，さらに再び馬や大八車に積み替え，最終的に淀川水系を利用して舟で運びました。しかし，このように大型の船から小型の舟や，馬や大八車へと積み替える方法では，そのたびに荷物が傷むことも多く，輸送できる量も少なかったのです。

一方で，輸送手段として船や舟を利用すれば，作業人数のわりに多くの量を運ぶことができ，また振動が少ないために荷の傷みも少なく，品質管理の面でも優れていました。

第2は，鎖国体制下での大型船の建造禁止にともなう，小型船での安全で確実な海上輸送の必要性です。

江戸幕府は鎖国体制をとりますが，その背景には，宗教，軍事，経済の3つがあったようです。すなわち，宗教では，仏教に代わってキリスト教が普及することで，支配体制が弱体化するのではないかと幕府は恐れたようです。軍事では，諸藩が海外から武器などを輸入し，軍事力が高まることを恐れたようです。経済では，交易による新興武家や豪商の経済力向上や，贅沢品の輸入による金銀の海外流出を恐れたようです。

鎖国体制を維持するために，江戸幕府は，海外に渡航できるような大型船舶の建造を禁止します。この大船禁止令により，国内の海上輸送においては，帆が1つの小さな船でしか航海できませんでした。そこで，小さな船でも安全確実な航海を可能とするために，航路開発が必要となったのです。

大船禁止令の始まりは，鎖国体制が確立する約25年前の慶長14年（1609）でした。西国の諸大名に対し五百石積み以上の大船の所有を禁じ，船を差し出させました。寛永8年（1631）になると大船禁止令が強化され，朱印船派遣の際には朱印状とともに，老中が長崎奉行あてに発行する「奉書」を必要とすることになりました。その後，寛永12年（1635）に武家諸法度に条文が追加され，大船禁止令も成文化されたのです。

なお，この武家諸法度の十五条において「道路・駅馬・舟・橋などの交通機関の整備令」が示され，十六条において「領内に関所を設け，津留めと称し，領内の港で貨物の移出入を抑制すること」とし，十七条において「軍事上・鎖国政策上の措置として，五百石積み以上の大船の所有・建造の禁止」を定めたのです。

これに加えて，寛永12年（1635）の日本人海外渡航禁止と，寛永16年（1639）のポルトガルを始めとする外国船の来航禁止の二つの制度が設けられます。これにより，鎖国体制が確立したのです[5]。

(3) 廻船航路開発と河村瑞賢

江戸幕府の意向

江戸幕府は，海外貿易の重要性を認めていたので，長崎の出島などで，一部の外国との貿易を容認しました。また島原の乱（寛永14年，1637）の翌年には，軍船以外（つまり商船）の建造・所有を認めるようになりました。しかし鎖国体制が確立すると，沿岸の航海であっても，大船禁止令により小さな船しか利用できなかったために，海難事故が頻発しました。

幕府にしてみれば，江戸への物資の大量輸送のために海上輸送が必要であるものの，鎖国体制のために大きな船は建造できないとなって，「板挟みの状況」にあったのでしょう。この状況を打破するために，「帆が一つの小さな船であっても，安全で確実に航海できるシステムの確立」が必要となりました。

そこで幕府は，河村瑞賢に，東廻りと西廻りの廻船航路開発を命じました。この目的は，全国各地と江戸を結ぶ海運のための，安全で円滑な物資輸送システムの構築です。このために，寄港地を整備し，潮流や風波を勘案して，多少大回りであっても安全な航路を設定することでした（図1-1-1）[6]。

図1-1-1　河村瑞賢の像（酒田市日和山公園）（平成16年3月28日撮影）

廻船航路の設定

河村瑞賢（元和3年，1617～元禄12年，1699）は，寛文11年（1671）に，東廻り航路（荒浜・那珂湊・平潟・銚子・小湊・三崎・下田・江戸）を開発し，のちに仙台と津軽経由で酒田まで延伸しました。特に，房総半島沖の難所を避けてるために，房総沖から江戸湾に入るときは，船を伊豆に向かわせてから，西風に乗って江戸湾に入りました（図1-1-2）。

図1-1-2　東廻り航路と西廻り航路（出典：苦瀬博仁『新・ロジスティクスの歴史物語』白桃書房（2022））

翌年の寛文12年（1672）には，西廻り航路（酒田・佐渡・能登・敦賀・下関・鞆・大坂・紀伊・畔乗（あのり）・下田・三崎・江戸）を開発しました。この西廻り航路が延伸されて，のちに松前に至る北前航路になります。北前航路を行き交う北前船は，大坂から酒や衣料を北海道に運び，逆方向ではニシン（鰊）やコンブ（昆布）を関西に運びました[7]。

酒田から江戸に向かうとき，東廻り航路は距離が短いものの海難の危険が高く，西廻り航路は距離が長くなるものの海難の危険が低かったようです。

（4） 江戸に物資を運ぶ船

菱垣廻船（ひがきかいせん）

廻船航路で江戸に物資を輸送する際に使用された船は，菱垣廻船（ひがきかいせん）と樽廻船（たるかいせん）です。菱垣とは，船の両舷に設けられた木製の菱形の格子であり，ここから船の名前が付きました。

菱垣廻船による輸送は，元和5年（1619）に堺の商人による江戸への物資輸送が始まりとされていますが，この頃は安全な航路が確立はしていなかったようです（図1-1-3）。

船の大きさは，二百〜四百石積みでしたが，徐々に幕府が大型化を認めたため，後に千石船とも呼ばれる千石積み以上の船も現れました。江戸後期には最大二千石まで積めたようです。千石積んだときに必要な人数は約20人で，一石あたり.5俵なので2500俵分の米を積むことができました。換算すると，馬1250頭分，荷車500台分の輸送量でした。

なお北前船は，江戸中期から明治時代にかけて，蝦夷地（北海道）と大坂を結び西廻り航路を往来した船です[8],[9]。

図1-1-3　菱垣廻船（船の科学館 所蔵）

樽廻船（たるかいせん）

菱垣廻船は，いわゆる混載（さまざまな種類の物資を積むこと）だったので，大坂から江戸に向かうときは，あらかじめ重い酒樽を船倉に積んでから，他の荷物の到着を待っていました。しかし，それでは待ち時間がもったいないということから，酒樽だけを専用に運ぶ樽廻船が，寛文年間（1661〜1672）に始まりました。

樽廻船は，垣廻船の船体とほぼ同じ形状でしたが，両舷の菱垣はなく，船倉は樽を積むために広かったようです。また，積み荷が同じ大きさの樽なので，転がして積み込むために荷役時間も短縮でき，積載方法も統一できて運賃も安かったようです。つまり，短時間化とコスト削減の両面で有利になり，次第に酒以外の貨物も運ぶようになって樽廻船の利用が増えていきました。このことは，現在のコンテナを使った輸送方法にも当てはまります。

そこで，明和7年（1770）には，菱垣廻船の保護もあって，樽廻船で運ぶ荷物は，米などのいくつかの品目に限定されました。しかし，それでも樽廻船が，菱垣廻船を圧倒していきました[10],[11],[12]。

(5) 総合的な物流システムとしての廻船航路開発

物流システムの構成とインフラ

廻船航路開発は，航路という文字から「船舶の航行経路を設定すること」と思いがちですが，実態は，「安全かつ円滑な物流を実現するための，総合的な物流システムの構築」でした。このため，現代と同じように，江戸時代の廻船航路開発においても，物流システムの整備（①貨物管理，②輸送管理）と，インフラの整備（③施設，④技術，⑤制度）が進められました（表1-1-1，図1-1-4）。

「貨物管理（①）」とは，輸送する物資の品質確保や盗難防止などのための管理です。廻船航路開発では，安定供給と盗難防止のために米蔵を設置して数量管理を行い，積み替え数を減らして荷傷みを防止し品質向上につとめました。

「輸送管理（②）」とは，船舶の安全な航行を行うための管理です。廻船航路開発では，優先的な航行や荷役の権利を持つ船（御城米船）に，船印（幟）を掲揚させました。また，那珂湊や銚子や小湊などに船番所を設置して，航行の監視や水夫の勤務状況を把握できるようにしました。さらに，狭い海峡では航行の安全のために嚮導船（水先案内船）を準備しました。

「施設（③）」とは，交通路（航路）と交通結節点施設（港，蔵など）です。廻船航路開発では，潮流や波浪を考慮した安全な航路を設定し，荒浜と江戸間の海図を作成しま

図1-1-4 再現された灯明台（鞆の浦，一般社団法人ニッポニア・ニッポン撮影）

表1-1-1 廻船航路開発における物流システム

1. 廻船航路開発におけるシステムの整備			
① 貨物管理	数量管理	米蔵設置による物資の安定供給と盗難防止	
	品質管理	積み替え回数削減と在庫管理による荷痛みの減少	
② 輸送管理	優先航行	幕府の船舶の優先航行と優先荷役	
	船番所設置	難破船への救援，危険な過積載の監視	
	嚮導船配置	不慣れな航路での水先案内船による安全航行の確保	
2. 廻船航路開発におけるインフラの整備			
③ 施設	航路開発	潮流や波浪を考慮した安全な航路の開発	
	寄港地整備	寄港地の港湾整備や，物資保管用の蔵の整備	
	廻船	商船の雇いあげによる船舶供給と初期投資削減	
④ 技術	船員雇用	船員の徴発を撤廃し，技術の高い熟練水夫を雇用	
	灯明台設置	灯明台（灯台）による危険回避のための航行管理技術	
⑤ 制度	入港税免除	寄港を無税にし，悪天候時の安全航行の確保	
	事故の補償	海難遭遇時の物資の精算方法の確立	

第1章　海―海流・海難・海損　　7

した。

　また，利根川経由の河川舟運の積み替え航路から三崎経由の廻船による積み替えの不要な直行航路への変更などがありました。特に，江戸に入る航路については，房総半島を周回して江戸湾に入る航路が危険なために，いったん三崎または下田に寄ってから江戸湾に入るようにしました。

　寄港地では，港湾を整備するとともに，商品の保管をするために米蔵を設置しました。そして，船舶の供給については，商船の雇い上げをおこないました。

　「技術（④）」とは，船舶の運航や安全確保のための技術のことです。廻船航路開発では，高い操船技術を持つ瀬戸内海などの船員を雇用しました。また，灯明台（灯台）を設置して航海の安全性を高めました。

　「制度（⑤）」とは，安全な航行の維持と海難時の処理をするための法制度のことです。廻船航路開発では，入港税を支払いたくない船が港に避難せずに難破してしまうことを防ぐために，入港税を免除しました。また，海難遭遇時に海上に投棄される荷物の損害を，無事だった荷物の持ち主も含めて公平に負担する制度（共同海損）を取り入れました[13],[14]。

（6）　大坂から江戸に運ばれた物資

物資の一大集散地，大坂

　湊や街が大都市へと成長していくためには，第1に「交通の要衝であること」，第2に「生産地または消費地が控えていること」が必要です。大坂は，交通の要衝であり，しかも生産地も消費地も備えていました。

　第1の条件である「交通の要衝」の点で，大坂は「河川交通と内海交通の結節点」でした。沿海航路に比較して内海は穏やかで安全に航行できるため，瀬戸内海を利用した物資輸送は安全確実であり，輸送日数が短くて済んだようです。それゆえ大坂は，内海航路の拠点となりました。

　また，大坂とその周辺では河川舟運が発達していました。特に，淀川は，江戸時代以前からも京都と結ぶ重要な交通路でした。河川舟運において，海上を航行する大型船は航行できなかったため，小型船である上荷船や茶船に積み替えなければなりませんでした。この積み替えが，交通結節点としての大坂に有利に働いたのです。物資を積み替える港（交通結節点）と都市の発展の関係は，昔も今も変わりません。

　元和6年（1620）に大坂が幕府の直轄領になると，淀川や安治川などが開削されて，物資輸送のネットワークが完成していきました。

　第2の条件である「生産と消費の場」も，大坂は備えていました。すでに述べたように，畿内（大和，河内，和泉，摂津，山城）とその近傍は，米，味噌，醤油などの生産地だったので，内海航路に加えて河川舟運を利用することにより，大坂が物資の集散地になりました。野崎の菜種，守口の大根，門真の蓮根などが，河内平野に網の目のように張り巡らされた運河によって，天満の青物市場に集められました。瀬戸内海の魚は阿波座に近い雑魚場で取引され，湯浅の味噌，竜野の醤油，赤穂の塩なども調味料として大坂に集められました。

　大坂は京都に近く商業活動にも適していたため，物資集中量は江戸よりもはるかに多く，全国の消費物資の集散地へと発展したのです。

大坂堂島の米市場

江戸時代の大坂では，幕府が遠方の加賀，越後，中国，九州（特に薩摩）などから集めた各地の年貢米が集まり，それとともに各地の特産品も大坂へ輸送され取り引きされました。また，木綿，酒，油，酢，醤油，味噌などの日用品も輸送されていました。

米については，享保15年（1730）に，堂島米会所が開かれ，現物取引の正米取引と先物取引の張合米取引が行われていました。特に，帳合米取引は，実際には米の受け渡しをせずに，米相場の変動により生じた金額の差額の受け渡しと，帳簿の記帳を行いました。

なお，経済学者の脇田成は，「堂島米市場は，その制度上の完成度は極めて高いことが明らかにされており，実際，英文による先物市場の教科書のほとんどが『世界で最初の整備された先物市場』と呼んでおり，またシカゴ商品取引所の便覧においても先物取引は日本の大坂が発祥の地であると明記されている」としています[15]。

消費都市，江戸

大坂から生活物資が輸送された江戸は，幕府が開かれてから大都市への道を歩み始めますが，当初は必ずしも大都市への成長の条件に恵まれていたわけではありません，もちろん第1の条件である交通の要衝ではあったのですが，先述した第2の条件について関東地方の生産力は乏しかったのです。そのため，全国や大阪から江戸に，米や生活物資を運ばなければなりませんでした。

大坂から江戸に運ばれた物資のうち，代表的なものが米と酒です。

江戸に輸送された米は，当初江戸城に近い日本橋川沿岸の米蔵に保管されました。しかし幕府の政治体制が安定して人口も米の需要量も増えてくると，日本橋川が混雑し日本橋周辺の蔵だけでは手狭になりました。

そこで元和6年（1620）に，幕府は隅田川沿いの蔵前に米蔵を建設し，日本橋付近の米蔵を移転させました。全国各地の諸藩から菱垣廻船や樽廻船で運ばれてきた米は，隅田川河口付近の江戸湊で舟に積み替えられてから，蔵前で荷揚げされ，米蔵に保管されました。蔵前には，米を保管する倉庫だけでなく，問屋街も形成されて，次第に江戸時代の経済の中枢になっていったのです。

この蔵前の米蔵は，明治以降も政府用倉庫として使用されていました。

上方から江戸に運ばれた「下り酒」

江戸幕府が開かれた当初は，関東に銘酒が少なく，酒は関西から運ばれていました。

関西の酒の名産地は，摂泉十二郷といわれ，大坂・伝法・北在・池田・伊丹・尼崎・西宮・今津・兵庫・上灘・下灘・堺でした。

関西から江戸に運んだ酒を，下り酒と称していました。上方からの下り物は上等で，下ってこない地廻り物は下等ということから，「くだらない」という言葉が生まれたとの説もあります。

樽廻船で品川沖に着いた酒樽は，小舟に積み替えられ，新川や茅場町の酒問屋に運びこまれます。この酒は，仲買人から小売店に運ばれ庶民の手に届きました（図1-1-5）。

この酒の話については，第4章で詳しく紹介しています。

第 1 章　海─海流・海難・海損　　9

図 1-1-5　新川の酒問屋の風景（長谷川雪旦 画『江戸名所図会　新川酒問屋』（部分），天保 7 年（1836），東京海洋大学附属図書館 所蔵）

【参考文献】

(1) 苦瀬博仁『新・ロジスティクスの歴史物語』白桃書房（2022 年），1-14 頁

(2) 小林高英・苦瀬博仁・橋本一明「江戸期の河川舟運における川舟の運行方法と河岸の立地に関する研究」日本物流学会誌（第 11 号，2003 年），121-128 頁

(3) ミュルビヒル D. ミュルビヒル・L. ミュルビヒル『マーケティングと都市の発展』ミネルヴァ書房（1971 年），8-20 頁，99-118 頁

(4) 岡野友彦『家康はなぜ江戸を選んだか』教育出版（1999 年），2-18 頁

(5) 辻達也『江戸時代を考える』中央公論新社（1988 年），53-54 頁

(6) 仲野光洋・苦瀬博仁「物流システム構築の視点からみた江戸期における廻船航路開発の意義と影響に関する研究」日本都市計画学会論文集（第 35 号，2000 年），79-84 頁

(7) 土木学会『没後三〇〇年 川村瑞賢 — 国を拓いたその足跡』丸善（2001 年），2-10 頁

(8) 山形県『山形県史 第 2 巻 近世編 上』吉川弘文館（1985 年），640-661 頁

(9) 上村雅洋『近世日本海運史の研究』吉川弘文館（1994 年），48-70 頁

(10) 安達裕之・日本海事科学振興財団船の科学館 編『日本の船 和船 編』船の科学館（1998 年），79-133 頁

(11) 丹治健蔵『近世交通運輸史の研究』吉川弘文館（1996 年），140-237 頁

(12) 石井謙治『和船 I ものと人間の文化史 76-I』法政大学出版局（1995 年），125-134 頁，311-357 頁

(13) 大矢誠一『運ぶ — 物流日本史』柏書房（1978 年），98-105 頁，145-150 頁

(14) (6) に同じ

(15) 脇田成「近世大坂堂島米先物市場における合理的期待の成立」経済研究（第 47 巻，1996 年），一ツ橋経済研究所，238-247 頁

1-2　日本周辺の海流の特徴

　江戸時代，船の運航を担う船頭は，航行する海域の潮流や沿岸域の海流の知見は十分持っていたと考えられますが，海流についての全体像は把握していなかったと思われます。また，いわゆる知識層においても，海流に関する知見は乏しかったのではないかと推測されます。

　ここでは，①現代の海洋学の知見にもとづいて日本周辺の海流の状況を簡単に説明し，②近代以前の知識層の海流に関する知見がいかなるものであったかを川合英夫 京都大学名誉教授の研究に基づいて紹介するとともに，現代の海流の知見にも触れ，③最後に日本列島周辺の海流がもたらす気象の特徴について説明します。

（1）　日本周辺の海流の全体像

海流と潮流

　本題に入る前に用語の説明を少し行います。「海流」という言葉と「潮流」という言葉は，日常的には区別されずに使われることが多いと思います。しかし海洋学ではそれぞれ異なる現象を指す用語として用いられています。ここでは，海洋学での用例に従います。

　「海流」とは外洋の半恒常的な流れを指します。暖流や寒流と呼ばれる流れは海流です。季節毎に流れる向きが変わる海流もありますが，大部分は年間を通じて概ね同じ方向に流れます。海面から深さ数百メートルにおよぶ大規模な海流の場合，偏西風や貿易風などの地球規模の風によって流れが作り出されます。その仕組みは単純ではありませんので，説明は省略します。

　それに対して「潮流」は潮の満ち引きに伴って出来る流れを指します。潮流は潮の満ち引きに合わせ，基本的には1日2回，流れの向きと速さを変え，さらに月齢によって潮位が変わるように潮流の速さも変わります。瀬戸内海は潮流が特に強い海域として有名で，例えば鳴門の渦潮も潮流が作り出すことはよく知られていますが，それ以外の沿岸各地でも潮流は顕著です。しかし外洋では，潮流はあるものの，人間にはほとんど感知できなくなります。

世界の海流の全体像

　図1-2-1に，世界の海流の様子を示します。北太平洋，北大西洋には亜熱帯から中緯度にかけて時計回りにたどれる一連の海流があり，南太平洋，南大西洋の亜熱帯から中緯度にかけては反時計回りにたどれる海流があります。これらを亜熱帯循環系と呼びます。これらの海流のうち，特に海洋の西側を亜熱帯から中緯度へ向かう暖流は，流れが速く（秒速1〜2メートル以上），幅が狭い（流速の大きな所の幅が100キロメートル程度）という共通の特徴を示すことが知られています。これら大洋西側の強い海流のうち，北太平洋の海流には「黒潮」，北大西洋の海流には「湾流」，南太平洋では「東オーストラリア海流」，南大西洋では「ブラジル海流」という名前が付けられています。湾流はメキシコ湾流とも呼ばれます。

　北太平洋では，中緯度から高緯度にかけて，反時計回りにたどれる海流があります。これらは総称として亜寒帯循環系と呼ばれ，その南側は亜熱帯循環系の北側に接しています。両者は，海水の温度と塩分の特性で区別します。亜寒帯循環系の西側にも比較的明瞭な海流があり，「東カムチャツカ海流」と呼ばれ，さらにその下流の「親潮」に続きます。

季節ごとに流れの向きが変わる海流の代表は，ソマリア沖やアラビア海，ベンガル湾の海流です。これらの海流は，この海域に吹くモンスーンの影響を直接的に反映していると考えられています。

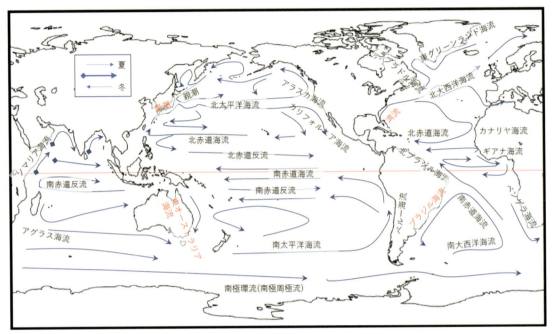

世界の表層（海面から数百メートル程度まで）の主な海流の流路と流れの向きを表しています。赤字で示した海流名は亜熱帯循環系の西側に見られる暖流の名称です。

図 1-2-1　世界の海流の模式図

日本周辺の海流

日本周辺海域は，亜熱帯循環系，亜寒帯循環系の西縁に当たり，東シナ海，日本海，オホーツク海にも接しているため，列島周辺の海流の様子は単純ではありません。ここでは図 1-2-2 に基づいて，海域別に海流の様子をもうすこし詳しく見ていきます。

余談ですが，読者の中には，黒潮，親潮という名称はそれぞれ日本海流，千島海流の別称であると習った方もおられるかも知れません。実際，地理の分野ではこれらの用語が使われているようで，地図帳や地球儀に描かれた海流図の名称として見ることがあります。しかし，いまの海洋学分野では日本海流，千島海流という用語はほとんど使われておらず，黒潮は Kuroshio，親潮は Oyashio で国際的にも通用しています。

東シナ海から日本南方への海流（黒潮）

黒潮は，先に述べたように亜熱帯循環系の西側に位置する暖流で，日本周辺では一番強い流れです。また世界的に見ても，北大西洋の湾流（メキシコ湾流）と並ぶ最も強い海流の 1 つとして知られています。黒潮の始まりは台湾東方沖で，北上して東シナ海に入り，大陸棚の縁に沿って琉球列島の西側を北東へ進み，屋久島の南のトカラ海峡を抜けて太平洋に出ます。そのあと九州東岸から東に向かって流れ，八丈島付近を通過して房総半島の南方を通り北太平洋東方へ向かいます。

黒潮の流路は，東シナ海からトカラ海峡を抜けるところまでは安定しています。しかし四国から

東海地方の沖合にかけては流路の変動が大きく，日本列島沿いに流れる場合（図 1-2-2 の破線），四国，紀伊半島沖で流れの向きを南東に変え，北緯 30 度付近に達すると今度は向きを北寄りへ変えて流れる流路をとる場合（図 1-2-2 の実線），紀伊半島より東で南に流れてその後北上に転じる場合などが知られています。特に実線で示したような流路を大蛇行流路と呼びます。

黒潮大蛇行は 1970 年代後半から 1990 年代初頭までは頻繁に発生していましたが，その後は 2017 年前半までほとんど見られませんでした。ところが 2017 年 8 月に発生した黒潮大蛇行は，原稿執筆時点（2024 年 11 月）まで継続しており，1965 年以降最長の大蛇行期間となっています。黒潮大蛇行の期間と非大蛇行の期間では，日本南岸の沿岸漁業の漁場が大きく変わります。また東海地方から関東地方の潮位にも違いをもたらし，さらに日本列島南岸を通る低気圧の経路などに影響することが知られています。

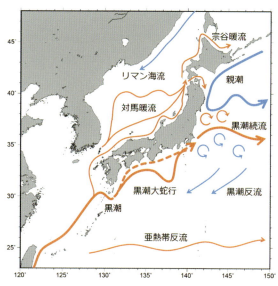

図中，北海道と青森の間の矢印で表した海流は津軽暖流と呼ばれます（本文参照）。黒潮続流の北側の渦は暖水渦，南側の渦は冷水渦を表しています。

図 1-2-2　日本周辺の海流模式図（東京海洋大学小橋教授作成，一部改変）

なお，黒潮大蛇行流路は決して「異常」な状態ではなく，黒潮という海流が作り出す複数の比較的安定した流路のパターンの 1 つであると考えられています。

日本海における海流（対馬暖流，リマン海流）

対馬暖流は，黒潮の一部が東シナ海から対馬海峡を通り日本海に入った海流です。流路は大きく分けて，日本沿岸を流れる流路，その沖合の流路，朝鮮半島東岸を北上したあと北緯 40 度付近を東に向かう流路があると言われています。しかし実際には流路の変動が大きく，複数の流路が同時に現れているように見えることもあり，全体として 1 本の繋がった流路として特定することが難しい場合もあります。

いずれにせよ対馬暖流は最終的には秋田，青森の沿岸に収束してから北上し，津軽海峡を通って津軽暖流として太平洋へ抜けます。マグロは太平洋の亜熱帯を回遊していますが，黒潮にのって東シナ海へ入り，さらに対馬暖流に乗って日本海に入り津軽暖流にのって津軽海峡に現れるので，初競りで有名な大間のマグロが漁獲されるのです。

対馬暖流の一部は，北海道沿岸を北上して宗谷海峡からオホーツク海に入り，宗谷暖流となります。宗谷暖流は，最終的には国後島などと北海道の間を通って太平洋へ抜けます。リマン海流は，オホーツク海を起源として，間宮海峡を通り大陸沿岸を南下する寒流です。大陸沿岸を流れるため，日本では直接的な観測が困難な海流です。

北日本と東日本太平洋側の海流（親潮，黒潮続流）

親潮は，先に述べたように亜寒帯循環系の西側の海流で，カムチャツカ半島東岸から千島列島東岸

沿いに流れる東カムチャッカ海流と，オホーツク海から太平洋へ流れ出る海流とが合流した海流です。親潮は非常に水温の低い寒流で，冬場は数℃〜10℃程度，夏場でも水深50メートルでは10℃程度です。また含まれる塩分も黒潮に比べて低いですが，プランクトンなどの成長に必要な栄養分は黒潮より豊富に含んでいます。

　親潮は，北海道東岸沖，東北沖を南下しその後向きを変え，亜寒帯循環系として日本から離れていきます。ただ東北沖から関東沖の様子は単純ではなく，黒潮続流から分かれた暖水渦があるかどうかで親潮の分布が変わります。加えて，津軽暖流が青森の東方に大きく張り出す場合と，三陸沿岸を岸に沿って南下する場合で，沿岸の親潮分布が大きく変わります。親潮系の低温で低塩分な海水の一部は，海面下を岸沿いに相模湾付近まで達することも知られています。

　黒潮続流は，黒潮が伊豆諸島を通過したあと房総半島から東へ向かう海流で，概ね日付変更線付近までを指します。房総半島付近から東経165度付近までは流路が比較的明瞭です。黒潮続流の流路が南北に大きく蛇行して活発に変動する時期と，南北蛇行が比較的小さく安定している時期があります。黒潮続流が大きく蛇行すると，流路がくびれ，北側でちぎれると暖水渦になり，そのまま北上して北海道沖まで達します。暖水渦の寿命は長ければ1年以上になります。暖水渦の挙動はこの海域の漁場形成に極めて大きな影響を与え，漁獲できる魚種や漁獲量が大きく変わり，私たちの日常生活にも直接的に影響する現象です。黒潮続流が南に蛇行してちぎれると冷水渦と呼ばれる渦となり，黒潮反流に乗って日本列島の南方を西へ移動します。なお，これら黒潮続流に起源をもつ渦以外にも世界の大洋は様々な渦に満ちあふれています。

（2）　海流についての江戸時代と現代の認識
江戸時代までの海流に関する知見

　さて，江戸時代，さらにそれ以前，人々は日本周辺の海流をどのように理解，認識していたでしょうか。ここでは日本周辺の最も顕著な海流である黒潮について日本人の認知，理解の歴史をまとめた京都大学名誉教授 川合博士の『黒潮遭遇と認知の歴史』（京都大学出版会，1997年）の内容を簡潔に紹介します。

　川合博士によれば，飛鳥時代以降平安時代までの文献には，東南アジア方面の人々が難破し台湾東方から黒潮に乗って九州，東海，伊豆諸島などに漂着したと思われる事例が記録に残されており，また，遣唐使吉備真備が乗った船が屋久島から紀伊半島太地町付近に漂着した事例などが記録されています。しかし，これらの文献には黒潮に関する記述は認められず，当時黒潮がどのように認識されていたのか，そもそも海流の存在を認識していたのかは不明です。

　室町時代から戦国時代にかけては倭寇の活動が活発だったことが知られていますが，川合博士によれば，倭寇に関する中国の文献には，東シナ海の季節風に関する記述はあるものの，黒潮についての明確な記述は認められないそうです。

　西洋人が東南アジアなどに来航するようになった戦国時代，鉄砲を伝えたというポルトガル船の種子島漂着は，南シナ海から台湾の南を通って黒潮に乗ったことによるものと推測されています。また16世紀後半，スペイン人がフィリピンから北米大陸へ北太平洋を横断する航路を見出してからは，難破して日本に漂着する例も頻発しますが，その中には黒潮に乗った例も多いと推測されます。しか

し黒潮について明確に記載した記録はないとのことです。他方，スペイン人が黄金伝説に基づいて金銀島なる架空の島を日本付近で探索する航海を行った際に，関東東方沖で強い北向きの海流に遭遇した旨の記述が残されており，これは黒潮続流に関する最初期の記録と思われます。ただしこの知見が日本に伝わったか否かは定かではありません。

また，17世紀初頭まで，朱印船が日本と東南アジア各地とを結んでいましたが，船は長崎を出て東シナ海から台湾海峡を抜け南シナ海へ入るため，黒潮と遭遇することはありませんでした。フィリピンと往来していた朱印船の航路では，台湾東方から黒潮を利用した可能性がありますが，黒潮についての具体的な記録は残っていません。

江戸時代に入り，幕府が諸藩に命じて沿岸水路情報を収集したことで，南西諸島，潮岬，伊豆諸島周辺などの黒潮に関する知見が集まり文献上に現れるようになりました。川合博士の著書の口絵には『正保琉球国絵図』（1646～47年），『伊豆国嶋絵図』（1745年），『改正日本輿地路程全国』（1775年），『三国通覧図説』（地図は1785年）の写真が紹介されています。正保琉球国絵図注記が東シナ海の黒潮についての最も早い記述だそうです。

図1-2-3は，菊地弥門著『柳営秘鑑』掲載の「伊豆国嶋絵図」です。八丈嶋と御蔵嶋の間に黒潮の流路を描いたと思われる個所が認められます。川合博士によれば黒潮流路を描いた図としては日本最古の文献ではないかとのことです。図中，黒潮の幅が20町（2キロメートル程度）と記載されています。これは実際の黒潮の幅（およそ100キロメートル）の約50分の1です。また当時は黒潮が季節によっては消えることもあると思われていたようです。無論，実際には，黒潮は季節によらず存在します。川合博士によれば，江戸時代末まで日本人知識層の間では東シナ海と伊豆諸島付近の2つの海域に見られる強い海流が，黒潮というひとつながりの海流としては認識されていなかった可能性が高いとの事です。

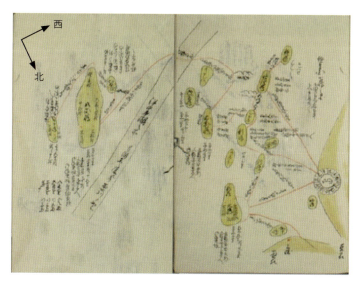

図は西が右ななめ上，北が右ななめ下に向いて描かれていることに注意してください。八丈嶋（図左葉中央やや上）の右側に描かれた図中央上端から左斜め下に伸びる帯が黒潮と考えられる海流です。

図1-2-3　菊地弥門著『柳営秘鑑』掲載の「伊豆国嶋絵図」（早稲田大学図書館 所蔵）

なお川合博士によれば，西洋では，19世紀中期には黒潮を日本海流と呼んで，沖縄付近から日本南方に掛けて流れる東向きの流れであるとの認識が現れ始めます。しかし，黒潮や親潮などの海流を含む北太平洋の海流の全体像が明らかになったのは20世紀半ばになってからです。

　川合博士は黒潮の名称についても述べています。博士によれば，黒潮はかつて「黒瀬川」，「山潮」，「早潮」，「落漈（らくさい）」などと呼ばれていたようです。このうち「落漈」は水が流れ落ちるという意味を持つ言葉で，漢籍では元の時代から台湾付近の強い流れを指す言葉として使われていたようです。これが日本にも導入されて18世紀前半には東シナ海の黒潮を指す言葉として使われるようになったそうです。かつて中国でも日本でも，海流が高いところから低いところへ流れてどこかに落ちていくというイメージを持っていたことが推測される言葉です。

　なお，『中国の科学と文明』を著したニーダムは「尾閭（びりょ）」という言葉が古代から黒潮を指す言葉として使われてきたと述べているものの，川合博士が，ニーダムが論拠とした文献に当たったところでは，「尾閭」が黒潮のような海流を指す言葉として使われた形跡は見いだせず，ニーダムの誤解あるいは飛躍した理解だったと結論づけています。

現代の海流像

　現代の海流の模式図は図1-2-1，図1-2-2に示したとおりで，海流は循環する流れという海流観が背景にあります。しかし，これは平均的な海流の分布のイメージで，海流の姿を瞬間的に，写真を撮るように捉えた場合には大きく様相を変えます。

　図1-2-4に示した図は，2002年3月16日の海面での流れの速さの分布図です。赤く描いたところは秒速80センチメートル以上の強い流れのあるところで，台湾の東から東シナ海，日本南岸を経て

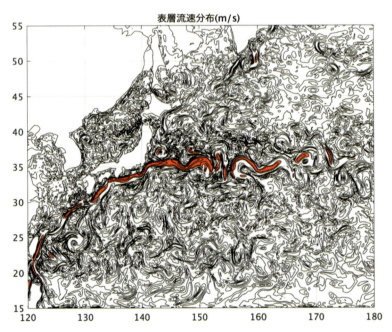

気象庁気象研究所と海洋研究開発機構による北西太平洋海洋長期再解析データセット FORA-WNP30 の第1層（水深5メートル）の海流の速さを等値線で表示しています。赤く塗られたところは流速が 80 cm/s 以上のところです。

図1-2-4　海洋同化モデルで再現された2002年3月16日の流速分布

関東東方のはるか沖合の東経170度付近まで断続的に続いていることが分かります。これは黒潮と黒潮続流を表しています。しかし他の海域に目を移すと，黒潮，黒潮続流のようなひとつながりの流れではなく，曲がりくねり渦のような形をした流速の等値線で埋め尽くされていることが見て取れると思います。つまりある瞬間でみると，海は渦だらけの，いわば乱流状態にあることが分かります。このような海流の様子は日々変化します。

　海洋学者が，海はこのように渦だらけであると認識するようになったのは，20世紀後半以降です。このような乱流状態と言える海流分布をみると，海流が断片的流れと認識した江戸時代までの人々の理解も的を外していたとは言えないかも知れません。同時に，黒潮のようにはっきりとした強い流れが見えている海域を除けば，海流がどのように流れているかをある瞬間的な観測だけで推定することは容易ではなく，広範囲で一定期間の観測が必要であることも分かります。

計算機で再現された現代の海流

　現代の海洋学では，船舶，自動観測ブイ，人工衛星など様々な手段で海洋を観測しています。特に海面付近の海流については，人工衛星による海面高度観測がきわめて有効です。海面高度とは風浪やうねりより大きなスケール（水平スケール数十キロメートル）での海面の凹凸のことで，この海面の凹凸から海流の様子を理論的に推定する事が出来ます。

　ヨーロッパの宇宙機関によって1992年末に最初の実用的な海面高度計測専用人工衛星が打ち上げられて以来，全海洋の海面付近の海流の様子が詳細に把握できるようになりました。その結果，はじめに説明したような海流の全体像のみならず変動の様子を調べることが出来るようになりました。しかし，地球表面の70パーセントを占め，平均水深約4,000メートルの海洋の内部の様子を高い頻度で詳細に観測することは引き続き困難でした。20世紀末になり，海面から水深2,000メートルまでの水温，塩分を観測する観測網の構築が始まり，2004年頃から当初計画した観測が軌道に乗り，全海洋の観測は現在まで続いています。これは国際Argo計画と呼ばれて，日本でも海洋研究開発機構が中心となり気象庁や大学などと連携して推進しています。最近では2,000メートルより深い海や強い海流のある海域なども観測できるようになってきました。

　それでも海域によって観測の頻度や観測の空間的な細かさにばらつきがあるなど，海の全体像を直接的な観測だけで知ることには限界があります。そこで，スーパーコンピューターのなかに海洋の「模型」をつくり，利用可能なあらゆる海洋観測，気象観測データをつかって，現実の海洋の流れや温度，塩分分布などを詳細かつ高頻度で再現する方法が研究，開発されてきています。

　そのような研究の一つとして，気象庁気象研究所と海洋研究開発機構が共同で実施した北西太平洋海洋長期再解析（FORA-WNP30）というプロジェクトがあります。図1-2-4は，そのプロジェクトで再現された2002年3月16日の様子です。同様の考え方で気象庁が推定した日本周辺の日々の海流の様子は，海流実況図として気象庁のサイトで見ることが出来ます。このような方法によって，海洋も大気に負けず劣らず日々ダイナミックに変化していることが理解されるようになりました。

　このように観測とコンピュータによる計算を駆使して海流も含めた海洋の状態を再現し予測することは，船舶運航や漁業など海洋利用産業に資することはもちろん，気象予測や気候変動予測にも不可欠なものなのです。

(3) 日本周辺の気象と海流

日本周辺の気象（風）の特徴

　よく知られているように，日本付近は夏季には南寄りの風が，冬季には西寄りの風が強く吹きます（図1-2-5）。

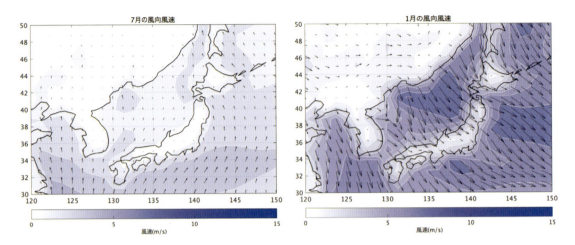

　JRA55に基づいて作図。色の濃さおよび矢印の長さは風速の大きさを表し，矢印の向きは風向を表します。

図1-2-5　夏（7月）と冬（1月）の日本周辺の風

　そのため，夏季は日本海が穏やかな一方で太平洋側では波が高くなり，冬季は日本周辺全域で波が高くなります。このように夏と冬で風向が反転するような風は，「季節風」と呼ばれます。汽船が実用化されるまで，太平洋側に比べて日本海側の海運が活発だった所以です。

　季節風が生み出される主な要因は，ユーラシア大陸上の気温の季節変化が太平洋上の気温の季節変化より大きく，両者の気温差が季節によって正負が入れ替わることです。一般的に地表付近の風は，地表気温の低い側から高い側へ吹くため，夏季には太平洋上より気温の上がるユーラシア大陸に向かって風が吹きます。冬季は，日本列島南岸から東方に流れる黒潮および黒潮続流の海面水温が最低でも18℃程度であるのに対して，大陸上は最低気温が－30℃以下になることも珍しくなく，その温度差は50℃以上にも及びます。このため，冬季の日本付近は強い北西の季節風が大陸から吹き付け，太平洋側にまで及ぶことになります。

　また，黒潮及び黒潮続流域は，温帯低気圧の発生しやすい海域として知られています。温帯低気圧は南北の気温差が大きい地域に発生しやすい低気圧ですので，暖かい黒潮，黒潮続流の流れる亜熱帯循環系と非常に冷たい海水で出来ている親潮など亜寒帯循環系が接している日本東方海域や，秋から翌年春にかけて低温になるユーラシア大陸と冬でも暖かい黒潮の流れる東シナ海や台湾付近は，温帯低気圧の発生と発達に好都合の場所と言えます。そのため，秋から春にかけては，数日から1週間程度の間隔で低気圧が発生し，日本列島付近を西から東ないし北東へ進みます。温帯低気圧のいくつかは非常に発達し爆弾低気圧と俗称される強い低気圧になり大嵐をもたらします。

　このように季節ごとの風の吹き方にも，嵐をもたらす温帯低気圧の発生発達にも黒潮は重要な役割を果たしています。

房総半島付近の局地前線（房総不連続線）

日本全体に共通する気象とは別に，各地域に固有の気象があります。江戸時代の物流にも関連すると思われる重要な現象の一例として，房総半島付近の局地前線を取り上げます。

房総半島付近では，房総半島から相模湾を横切り伊豆半島にかけて伸びる局地的な前線がしばしば発生します。これは房総不連続線と呼ばれることがあります。房総不連続線のような局地前線は天気図に描かれる前線より規模が小さく持続時間も短いので，通常の天気予報などでは取り上げられません。しかし，前線付近では強い風が吹き船舶の航行にも影響する現象です。

図 1-2-6 には，2015 年 11 月 14 日午前 9 時に現れていた房総不連続線の様子を示しています。房総半島先端から伊豆大島付近を通り伊豆半島南部に向かって北東の風が吹き集まっているところが，房総不連続線です。地上気温の等温線が，房総不連続線に平行に並び密集している様子も分かります。このとき房総不連続線付近は風が強く，房総半島に沿って南下する船が野島崎沖で針路を北に転じるのが難しい状況を作り出しています。この前線は，半日程度持続しました。

房総不連続線の成因は時によって異なりますが，図に示した例では，関東平野の地表が寒気に覆われている一方で，沖合の海が黒潮の温かい海水に覆われて，房総半島付近で陸と海との間に大きな温度差が出来たことで形成されたと考えられます。

江戸時代，房総半島沖を南下して江戸に向かう船は，野島崎沖を通り越して伊豆半島などに向かったとのことですが，房総不連続線がしばしば発生することを考えれば，この不連続線に伴う北東風に逆らって野島崎沖を北上する代わりに，いったん伊豆半島に留まり風が変わるのを待つことで海難のリスクを避けたのかもしれません。

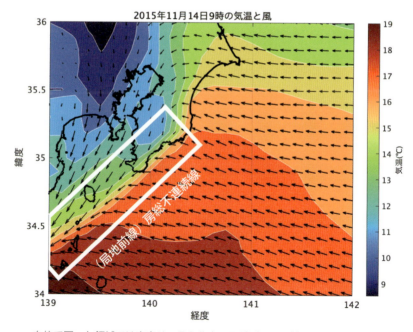

白枠で囲った領域では東寄りの風と北東の風がぶつかる前線を形成しており，またこの付近で温度が大きく変わっていることがわかります。この前線は半日程度持続しました。

図 1-2-6　2015 年 11 月 14 日午前 9 時（日本時）の関東付近の風と気温

【参考文献】

川合英夫『黒潮遭遇と認知の歴史』京都大学出版会（1997）

北西太平洋海洋長期再解析データセット FORA-WNP30

    https://search.diasjp.net/ja/dataset/FORA_WNP30_JAMSTEC_MRI

JRA-55：気象庁 55 年長期再解析

    https://jra.kishou.go.jp/JRA-55/index_ja.html

1-3　操船学からみた「海難」

　四面を海に囲まれている日本では，人の移動や物資輸送の手段として，古くから船が使われてきました。一方，船乗りたちは，荒天との遭遇などによって，いつ起きるとも限らない転覆や沈没などの船の事故，すなわち海難の脅威に直面してきました。海難の特徴はいつも同じではなく，時代の流れとともに少しずつ変化しています。その時代の海難を振り返り，背景を丹念に探れば，当時の社会事情や世相などが垣間見えてくるのです。海難は社会の弱点を映し出す歴史の"鏡"なのです。江戸時代の海難を操船学の視点から振り返ってみたいと思います。

　ここでは，①操船学からみた江戸時代の廻船航路の特徴，②江戸時代の海難の種類と発生状況，③江戸時代の海難の場所，④海難の予防対策，⑤海難回避のための判断，⑥海難遭遇時の対処方法について紹介します。

（1）　操船学からみた廻船航路

廻船航路の操船

　もともと江戸の地は，関東平野の西部に位置し，隅田川や江戸川など，大小たくさんの河川が縦横に巡る地理的特性を有していました。そのため，物資や人の輸送手段として，水運を利用しやすい環境にありました。

　江戸時代初期の 1620 年頃，東北地方の諸藩や天領から江戸に向け，米の東廻りの海上輸送が本格的に始まりました。こうした海上輸送には，廻船と呼ばれる木造の和式帆船が使われていました。洋式の帆船と比べると，廻船はそれほど丈夫な構造ではありません。

　当時，茨城県の常陸沖から，千葉県の銚子沖を経由し房総半島の南端に至る海域は，荒天に遭遇しても避難する港が見あたらず，いわゆる海の難所でした。また，幸運にも荒天を回避し，房総半島の南端まで無事たどり着いたとしても，その後，直角に近い角度で針路を変え，房総半島の南端を回り込み，江戸湾内に進入する必要がありました。このような急角度の針路変更は，当時の帆走技術や廻船の操縦性能では至難の技でした。

廻船航路の設定と危険性

　そこで，当時の廻船の多くは，房総半島から直接江戸湾内には入らず，いったん湾口を通り過ぎ，三浦半島の三崎か伊豆半島の下田に入港しました。その後，これらの港に停泊しながら日和見（気象予測のこと）を行い，南西風が吹く頃合いを見計らい出港し，再び江戸湾を目指すという迂回航法が多用されていました。

　しかし，こうした航法では，三崎や下田を出港後，予測に反して南西風が収まり，江戸湾内への進入に失敗した場合，その後の北西風等によって房総半島の沖へ流されるリスクを抱えていました。最悪の場合，房総半島のはるか沖を流れる黒潮の本流（黒瀬川）まで達し，激しく圧流され，そのまま太平洋の漂流を余儀なくされ，日本に二度と戻れなくなるという致命的なリスクです。

(2) 江戸時代の海難の種類と発生件数

江戸時代の海難と用語

　現在海難審判所[1]が使用している主な海難の種類と内容を示し，江戸時代の海難用語とを対比させたものが，表 1-3-1 です。

　江戸時代の廻船は，帆を張り風の力を利用して航行する帆船でした。江戸時代の帆船も，当逢（現在の衝突），打揚げ（現在の乗揚），覆り（現在の転覆），破船（現在の遭難等），難船（現在の運航阻害等）など，今と同じような海難に見舞われていたことが予想できます。

表 1-3-1　現代の海難の種類とその内容と，該当する江戸時代の海難用語

現代の主な海難の種類とその内容		該当する江戸時代の海難用語
衝突	船舶が，航行中又は停泊中の他の船舶と衝突又は接触し，いずれかの船舶に損傷を生じた場合をいう。	当逢（あたりあい）
衝突（単独）	船舶が，岸壁，桟橋，灯浮標等の施設に衝突又は接触し，船舶又は船舶と施設の双方に損傷を生じた場合をいう。	同上
乗揚	船舶が，水面下の浅瀬，岩礁，沈没船等に乗り揚げ又は底触し，喫水線下の船体に損傷を生じた場合をいう。	漂着，膠船，打揚げ
沈没	船舶が海水等の浸入によって浮力を失い，船体が水面下に没した場合をいう。	沈船
浸水	船舶が海水の侵入などにより機関，積み荷などに濡れ損を生じたが，浮力を失うまでに至らなかった場合をいう。	水船
転覆	荷崩れ，浸水，転舵等のため，船舶が復原力を失い，転覆又は横転して浮遊状態のままとなった場合をいう。	覆り（くつがえり），破船
行方不明	船舶が行方不明になった場合をいう。	行方不明
火災	船舶で火災が発生し，船舶に損傷を生じた場合をいう。ただし，他に分類する海難の種類に起因する場合は除く。	火災
安全阻害	船舶には損傷がなかったが，貨物の積み付け不良のため，船体が傾斜して転覆等の危険が生じた場合のように，切迫した危険が具体的に発生した場合をいう。	船体の復原力を確保するための打荷（積荷の海上投棄，拾荷とも言う）や檣（ほばしら：帆柱）の切断など
運航阻害	船舶には損傷がなかったが，燃料・清水の積み込み不足のために運航不能におちいった場合のように，船舶の通常の運航を妨げ，時間的経過に従って危険性が増大することが予想される場合をいう。	難船（難航して船体や積荷等に被害があった場合のこと）
遭難	海難の原因，態様が複合していて他の海難の種類の一に分類できない場合，又は他の海難の種類のいずれにも該当しない場合をいう。	破船，難船，破損

（資料を基に著者が作成）

江戸時代の海難件数と比率

　江戸時代に発生した主な海難は，記録に残っているもので 1,106 件にのぼります。図 1-3-1 は，海難を月別・国内外船別に集計したものです。

　江戸時代の海難は年間を通じて発生していましたが，特に台風が襲来する 6 月から 9 月と，北寄りの季節風が卓越する 11 月から 12 月に，比較的多く発生していたことがわかります。なお，1 ～ 3 月の真冬の海難が少ない理由は，海が常に荒れている時期の航海を避けていたため，海上の交通量自体が少なかったことと考えられます。総じて江戸時代の海難の主な原因は，荒天との遭遇によるもの

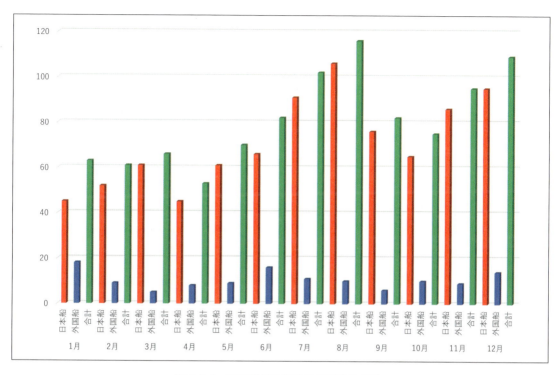

図 1-3-1　江戸時代の海難の月別発生件数
（文献[2]を基に著者が作成）

だったようです。

　図 1-3-2 は，江戸時代の 1,106 件の海難の種類別内訳を示したものです。難船（難航して船体や積荷等に被害があった場合のこと）が最も多く 512 件，次いで破船（現在の遭難等）の 356 件，外国船の漂着の 102 件，水船（現在の浸水）の 34 件，沈没の 30 件，当逢（現在の衝突）の 28 件，難破（現在の遭難）の 23 件，行方不明の 21 件の順となっています。

　なお，鎖国下にあった江戸時代の日本では，外国船の漂着も海難と同じ扱いの重大事件でした。

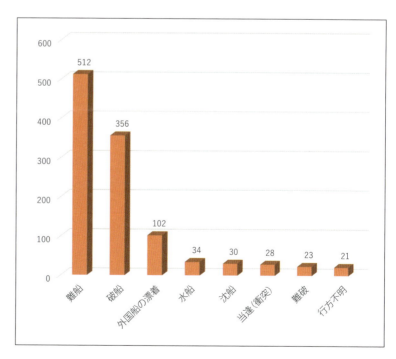

図 1-3-2　江戸時代の海難の種類別内訳件数
（文献[2]を基に著者が作成）

(3) 江戸時代の海難の場所

江戸時代の海難の場所

江戸時代に発生した海難を，エリア別に集計したものが，図1-3-3です。

太平洋沿岸（四国以東）が最も多く408件，次いで瀬戸内海の262件，日本海沿岸の212件，九州沿岸の64件の順となっています。

江戸時代の人口集積地である江戸と大阪間における膨大な物資輸送のほか，日本全国に散在した幕府直轄地からの大量の年貢米の輸送が行われていたため，全国どこの海域であっても海難発生の潜在的な危険があったものと想像されます。

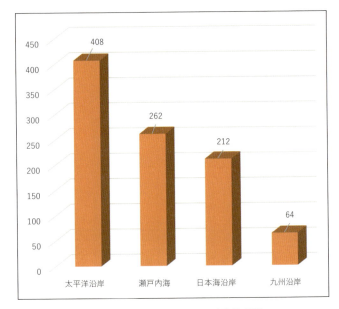

図1-3-3　江戸時代のエリア別発生件数
（文献[(2)]を基に著者が作成）

太平洋沿岸での海難地点

太平洋沿岸（四国以東）で発生した海難を取り上げ，発生地点をより詳しく示したものが，図1-3-4です。

最も多く発生していたのが紀伊（現和歌山県・三重県一部）沖の106件で，続いて志摩（現三重県東部・伊勢湾南部等）沖の46件，遠江（現静岡県南部）沖の43件，伊豆（現静岡県東部・伊豆半島・伊豆諸島等）沖の32件，陸奥（現東北地方北部・東部）沖の31件，三河（現愛知県東部）沖の26件の順です。

つまり，江戸時代の海難は，太平洋沿岸に関しては，紀伊半島や志摩半島沖の熊野灘，静岡県沖の遠州灘，三陸沖等で多く発生していたことがわかります。

熊野灘や遠州灘で海難が多発した第1の理由は，これらの海域が江戸と大阪を結ぶ航路上にあり，海上交通量が多かったことです。第2の理由は，冬期にあっては北西季節風により，また，夏期にあっては台風との遭遇や突然の南東風の吹き出し等により，当時の帆船が難航する海況が生じやすかったこと等が考えられます。なお，熊野灘や遠州灘は，現在も海上交通が混雑する海域の1つであり，衝突や乗揚等の海難がしばしば発生しています。

一方で，陸奥（三陸沖）で海難が多発した第1の理由は，この海域が日本海から津軽海峡を経由して太平洋岸に沿って江戸に至る主要航路上にあり，海上交通量がやや多かったことです。第2の理由は，冬期に卓越する北西季節風の影響を受けやすかったことです。第3の理由は，荒天に遭遇した場合に避難するための良港が少なかったことが考えられます。なお現在も，三陸沖は，春から夏にかけて発生する霧による視界不良等により，衝突や乗揚等の海難発生の危険性が高い海域の1つとなっています。

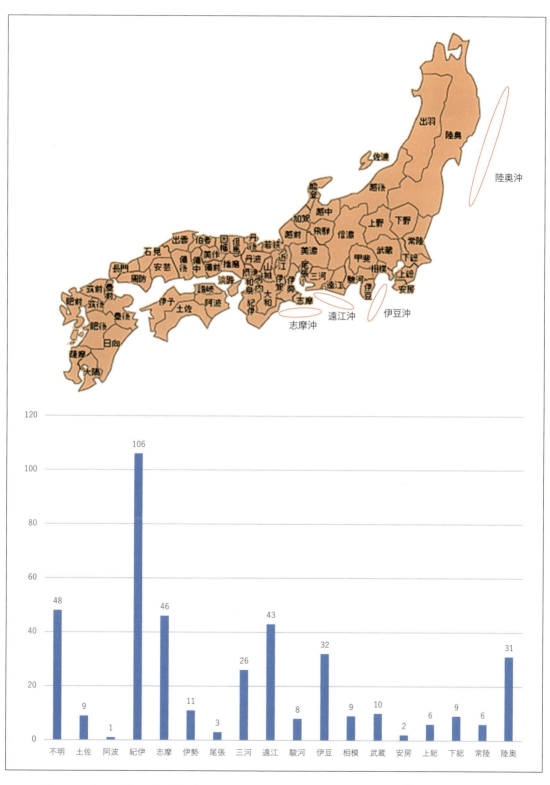

図 1-3-4　江戸時代に太平洋沿岸で発生した海難の発生場所の詳細（文献[2]を基に著者が作成）

(4) 海難の予防対策(航海時期,海図,航法)

3つの海難防止対策

外洋における海難防止対策は,大きく3つに分けることができます。

第1は,航海に出発する前の事前準備に関わるもので,航海時期の選定・海図の準備,航法の選定などです。第2は,航海時の判断に関わるもので,天候判断・標識・灯台・水先案内等などです。第3は,不幸にも海難に遭遇した場合に備える準備で,航海用具・荒天対応法などです。

航海時期の選択

江戸時代初期の頃は,安全確保のために航海の時期を選択していました。

たとえば,全国各所から江戸への年貢米の輸送は,毎年10月半ば頃から開始されていましたが,海況がもっとも厳しくなる1~2月の時期はできる限り避けていました。また,冬の海況が特に厳しい日本海沿岸にあっては,新米の輸送をその年に行わず,翌年の春から秋に先延ばしすることもありました。

海図等の整備

江戸時代には,現在の海上保安庁が水路測量をもとに作成しているような,正確な海図は存在しませんでした。そのため,船乗りたちは,先人が経験を基に作成した海路図または航路図と呼ばれる手描きの絵図を,海図の代わりに使用していました。

海路図等には,航海の目標となる特徴的な陸の地形や山の頂の様子等が描かれていました。また,暗礁が存在する場所や港の位置,港に出入りする際の注意事項等,航海の安全に必要な諸情報も記載されていました。「大日本海路圖」は江戸時代に刊行された海路図の一つです。

なお,航海の安全に関する諸情報のうち,海図に表現できないものもありますが,これについて現在は,水路書誌と呼ばれる海上保安庁が刊行する書籍に掲載されています。この水路書誌は海図と併用して利用するもので,いわば航海の参考書です。

江戸時代に刊行された「日本海路細見録」には,諸港間の航路図や距離,諸港の特徴に関する情報のほか,諸浦の月出没や潮汐に関する情報,航海を行う上での心得等が記載されていました。同書は現在の水路書誌に相当するもので,当時の船乗りたちの参考書として,海難防止のための知識の普及に貢献しました(図1-3-5,図1-3-6)。

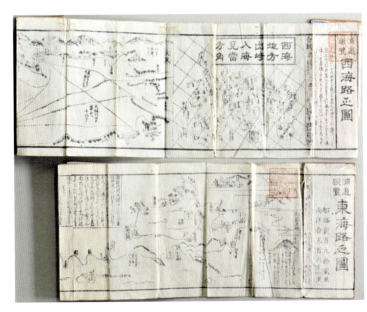

図1-3-5 大日本航路圖(天保13年(1842))
(東京海洋大学附属図書館越中島分館 所蔵)

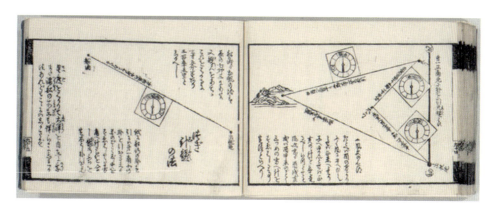

図 1-3-6　改正日本船路細見記（嘉永 4 年（1851）求版）
（東京海洋大学附属図書館越中島分館 所蔵）

航法の選択

　江戸時代は現在と異なり，GPS などを利用した航海計器が十分にあったわけではありません。そのため，江戸時代の初期から中期の頃は，陸の地形や山を頼りとし，なるべく陸地から離れず，沿岸の港や波の静かな入江を小刻みに移動する航法が多用されました。こうした航法は，たとえ荒天に遭遇しても，最寄りの港に直ちに避難することにより，海難発生の危険を回避できる効果も期待できました。

　今で言うところの「地文航法」のことですが，当時の船乗りは「地乗り」または「地廻」と呼んでいました。「地乗り」では，航海の安全のために，しばしば長時間にわたる日和待ち（天候回復待ち）や風待ちを余儀なくされました。そのため，当時，江戸と大阪間の航海は最短でも 10 日間，平均 1 カ月，最長で 2 カ月に及ぶこともありました。

　江戸時代の中期になると，長い日数の航海にも耐えられる丈夫な廻船が建造されるようになりました。また，帆の材質や船乗りの帆走技術も向上し，海路図等の普及も進みました。こうしたことから，陸地沿いではなく，最短距離による経済運航を優先して，はるか沖を昼夜にわたり航行する廻船が現れるようになりました。沿岸の入江を小刻みに移動する「地乗り」に対し，「沖乗り」と呼ばれる航法です。

　「沖乗り」に際しては，陸岸はるか沖を航行し，たとえ山の頂等がはっきりと見えない場合であっても，海難防止のためできる限り正しい船位を把握しておく必要があります。そのため，自船の針路と速力を基に船位を推測する，今で言うところの「推測航法」が行われていました。

　また，天体観測により，より精度の高い船位確認が行われることもありました。今で言うところの「天文航法」です。こうして江戸と大阪間の航海は，海難防止のための対策を講じながら，最短で 6 日間，平均 12 日程度まで短縮されるようになりました。

（5）　海難回避の判断（天候判断，標識，灯台，水先案内等）

天候判断

　江戸時代の廻船の多くは帆船で，海難の主な原因は荒天との遭遇によるものでした。したがって，安全な航海を成就するためには，風や天候に応じ船を出すか否かの決定が重要であり，このために，

できる限り正確な日和見(ひよりみ)(天候判断)が必要不可欠でした(図1-3-7)。

天気予報の制度がなかった江戸時代,予想される風の向きや強さ,荒天の前兆の有無等を船頭が有する知識や経験と五感で判断する日和見は,船乗りの命にも関わるとても重要な作業でした。

今も全国の港の周辺には,日和山(ひよりやま)と呼ばれる山があります。これらは当時の船頭が,日和見を行っていたことが名前の由来となっています。頂上付近に高い樹木や建築物等がなく,周囲を見渡しやすい小高い丘や山が日和山として活用されました。

図1-3-7　新潟港日和山(長谷川雪旦 著『北国一覧写』)
(国立国会図書館 所蔵)

なお,多くの日和山には,石の表面に十二支で表わした方位が刻まれている方角石がおかれていて,船頭が行う観測に便宜を図っていました。

航路標識の整備

航路標識とは,海難防止を目的とした航行援助設備のことで,代表的なものが灯台やブイです。主要な岬や島,あるいは防波堤の突端等に設置され,通航船に対し針路の目標や危険箇所の位置,安全な入港ルートを知らせます。

江戸時代,主要な港の入口や航路の要所等には,海難の発生を防止し,安全な航海を成就させるための工夫として,通航船の目印となる高灯篭が設置されていました。高灯篭には,夜間にあっては上部に常夜灯がともされ,現在の灯台と同じ役目を果たしていました。

灯台番と水先人

主要な高灯篭に配置された灯台番は,施設の維持管理や常夜灯点火等の業務を,委託されていました。

また,主要な港には水先人が配置され,出入り船に対する航路案内サービス等の業務が託されていました。なお,水先人は,廻船の船頭が日和見(天候判断)を行う際,自らの知見や経験に基づき,助言や情報提供等の支援を行うこともありました。現在,日本の灯台は,すべて無人化されています。

一方,水先人に関しては,令和の現在も,全国34箇所の主要な港や船舶交通が混雑する水域において今も約640名が就業し,出入港船に乗り込み航路案内サービスを行い,海難防止や航行安全に貢献しています。

専門書の活用

元和4年(1618)の『元和航海記』は,航海術の専門書です。池田好運という船乗りが,南蛮船で2年余りの遠洋航海中に,ポルトガル人から学んだ天測航法や航海術や洋上サバイバルの知識をまとめました。

その約20年後の寛永16年(1639),日本はポルトガル人の入国を禁止し,安政元年(1854)の日米和親条約締結までの間,鎖国状態にありました。そのため,日本の船が外国に向け航海する機会は

なくなり，天測航法等の西欧由来の航海術の必要性はなくなるかと思われました。

　しかし，鎖国後の寛文10年（1670）には『按針の法』，1680年頃には『寛文航海図』，貞享2年（1685）には『船乗ぴろうと』等，天測航法等の遠洋航海術の専門書が続々と刊行されました。さらに，安永3年（1774）には，オランダの航海術の専門書の和訳本『阿蘭陀海鏡書和解』も出版されました。

　文化3年（1816），坂部広胖が書いた『海路安心録（かいろあんじんろく）』は，天測航法の基本，安全航海の心得，磁石の使い方等について解説した航海実務の入門書です。また，文政5年（1822）の『船長日記（ふなおさにっき）』は，小栗重吉という船頭による遭難・漂流体験を口述筆記した洋上サバイバルに関する実務書です。さらに，天保3年（1836），測量術と天文暦術の専門家である石黒信由が書いた『渡海標的（とかいひょうてき）』は，天測計算方法等を取り上げた航海術の専門書です。

　このように，天測航法等の航海術を学ぶことの重要性が多くの船乗りたちに再認識されていました。

（6）　海難遭遇時の対処方法（航海用具，荒天対応法）

航海用具等の装備

　江戸時代の廻船には，自船の針路を保持するため，また陸の目標物の方位を把握するため，和磁石が装備されていました。方位計測のため，時計回りに「子，丑，寅，卯，……」と方角が刻まれたタイプのものを「本針（ほんばり）」，反時計回りに方角が刻まれ，子（北）の方角を船首に合わせると磁針が自船の針路を指すタイプのものを「逆針（さかばり）」と言いました。

　また，船頭の中には，当時は高価な舶来の遠眼鏡を購入し，見張りに役立てる者もいました。さらに，江戸時代の廻船には，夜間の当逢（現在の衝突海難）を防止するため，船行灯と呼ばれる航海灯が装備されていました。加えて，船底にたまった水を船外に排水するため，「すっぽん」と呼ばれる手動ポンプが装備されていました。

　このように，江戸時代の廻船には，様々な航海用具等が装備され，海難防止のため活用されていました。

荒天対応法（漂蹢・荷打ち・帆柱切断）

　江戸時代の海難の主な原因は，荒天遭遇によるものでした。日和見を誤るなどして荒天に遭遇した場合は，強風をやりすごすため，廻船は真っ先に帆を下ろしました。また，廻船に設置されていた大型の舵が，荒波に叩かれて破損しないようしっかりと綱で固定し，また，時間的な余裕があれば船上に引き上げました。

　船尾からの風浪が強く，追波による舵の破損や船尾からの浸水が危惧される時は，船首から碇綱（いかりづな）及び碇を繰り出し，前方の海中に長く伸ばしました。これは現在も漁船等で行われている海錨（シーアンカー）を用いた漂蹢（ひょうちゅう）[3]と呼ばれる荒天対応法です。海錨によって船体の姿勢を安定させ，強風や荒波を比較的丈夫にできている船首方向から受けながら洋上を漂い，荒天をやり過ごすのが漂蹢の基本です。

　それでも，破船（はせん）（現在の遭難等），水船（すいせん）（現在の浸水），覆り（くつがえり）（現在の転覆）等の海難の危険が迫った時には，船体重量を軽減させて荒天に耐えるため，甲板上に積載されたものから順に積み荷や船具を次々と海洋投棄しました。故意による積み荷の海洋投棄のことを「荷打ち（にう）ち」といい，海洋投棄された荷物のことを「打ち荷（うにう）」または「刎ね荷（はにう）」と言います。

それでもなお効果がなく，海難発生の危険が切迫した時には，最後の手段として帆柱を切り倒すこともありました。

　帆柱を切り倒した場合，後に荒天が収まったとしても，帆走を再開することができなくなり，風まかせ海流まかせの漂流を余儀なくされる事態に陥ることとなります。運良くどこかの陸地や島に漂着し，また，他船に救助されるケースは極めて稀でした。帆柱を切り倒した多くの漂流船は，洋上サバイバルの失敗やその後度重なる荒天遭遇により，やがて海の藻屑となったものと想像されます（図1-3-8）。

図 1-3-8　船絵馬　順勢丸（神戸大学海事博物館 所蔵）

【注】
(1) 海難審判法に基づき海難審判を行い，船員や水先人に対する行政処分を決定する国土交通省の特別機関。
(2) 金指正三「江戸時代の海難について」海事史研究（第 10 号，1968 年 4 月），日本海事史学会，96-136 頁
(3) 1996 年 6 月，北海道・根室沖で巨大台風が接近する中，14 隻の漁船が遭難の瀬戸際に追い込まれた。うち 4 隻は遭難し 22 名が犠牲となったが，残り 10 隻は奇跡的に遭難を免れた。遭難した 4 隻は港に逃げ込もうと最後まで荒天下を走り続けた船，一方，遭難を免れた 10 隻は途中で航行は危険と判断，シーアンカーを用いた漂躊を行いながらその海域にとどまった船であった。江戸時代から伝わるシーアンカーの有効性が改めて思い知らされた。現在，我が国では法律によって，シーアンカーは 200 トン未満の漁船の法定備品となっている。

1-4　物資輸送からみた「共同海損」

　海難事故が起きると，積み荷の損失や船の損傷などの被害を受けます。このとき，共同海損という概念があります。

　共同海損とは，海難により船舶や貨物の所有者が被った損害と費用を，被災しなかった貨物の所有者が共同して分担することです。江戸時代には，すでに共同海損の考え方が確立していたようです。江戸時代中期には，現在の共同海損精算書とほぼ同一の構成の精算書がすでに作成されていました。

　ここでは，①廻船の海難の実態，②廻船航路開発前における海難の制度，③廻船航路開発後における海難の制度，④共同海損の対象海難と管理組織，⑤海難事故の発生から共同海損の清算までの手順について紹介します。

(1)　廻船の海難の実態

廻船の海難の海域と発生原因

　1-3 でも示したように，西廻り航路の大坂・江戸間では海難事故が起きていました。

　廻船の海難の原因は，次のようにまとめることができると思います。

　第1は，季節です。年貢米の収穫期や，酒・木綿などの生活必需品の生産の最盛期が冬季と重なるために，荒天の多い時期であっても輸送しなければなりませんでした。

　第2は，天候です。輸送需要が高まる冬期は，厳しい北西風や低気圧があり，遭難の危険が高まりました。日本列島周辺では気象条件が急変することも多く，また当時の天候予測では，接近する低気圧からの回避にも限界があったようです。特に，熊野灘から遠州灘さらには伊豆半島沖では，冬季の強烈な季節風を受けて，多くの廻船が海難に遭遇しました（図 1-4-1）。

　第3は，交通量です。廻船航路開発後に，廻船による輸送が増加しました。何しろ，人口が増加する江戸に，大量の物資を運ばなければならなかったからです。

　第4は，廻船の構造です。大船禁止令もあって，弱い外舵や1本の帆の舟しか建造できませんでした[1], [2], [3], [4]。

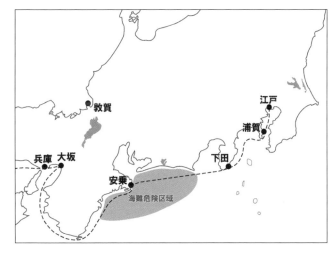

図 1-4-1　廻船の海難事故が多くあった海域

廻船の海難事故の種類

　廻船の海難事故には，いくつかの種類がありました。

　「破船（船の遭難）」とは，難破ともいうべきもので，船舶は「破損」し，積み荷には海水の浸水による「濡れ損（損害）」が生じることがあります。

「荷打ち（積載貨物の海上投棄）」とは，荒天に遭遇して，沈没や座礁などの海難の危険が迫った場合，船体重量を軽減させて波風に耐えるために，積み荷を海上に投棄することです。捨荷とも言われ，甲板上に積載された積み荷から順に投棄されました。

なお，「荷打ち」は「荷物を投棄する行為」ですが，「打ち荷」は「投棄した荷物」ということになります。

廻船の海難事故の実態

廻船航路開発によって航海の安全性が高まり，海難事故も減少したのですが，すべての海難事故を無くすことはできませんでした。

廻船航路開発後の元禄期の資料ですが，江戸の主要問屋の年間扱い隻数は，1,300隻前後になっています。また，江戸後期（文化6年，1823）の破船や荷打ちが，それぞれ24隻と17隻となっています。天明4年（1784）から天保2年（1831）における菱垣廻船に限っても，48年間で1,003隻が被災しており，年間約20隻程度が海難に遭遇していました（表1-4-1，表1-4-2）[2], [5]。

表1-4-1 江戸の主要問屋の扱い隻数

年 代	大規模問屋数	年間扱い隻数
元禄13年（1700）	5軒	1,357隻
元禄14年（1701）	6軒	1,358隻
元禄15年（1702）	6軒	1,221隻

表1-4-2 菱垣廻船損害額表

期　間	年　数	難破船	損　金
天明 4 （1784）～寛政 5 （1793）	10	181	195,650
寛政 6 （1794）～享和 3 （1803）	10	127	163,435
文化 1 （1804）～文化10（1813）	10	155	148,303
文化11（1814）～文政 6 （1823）	10	343	222,868
文政 7 （1824）～文政10（1827）	4	109	114,432
文政11（1831）～天保 2 （1831）	4	88	94,343
合　計	48	1,003隻	939,034両

表1-4-3 文化6年（1823）夏の難破船隻数

	破 船	荷 打	積代金・船代金
菱垣廻船	7隻	4隻	45,000両
下り酒問屋	12隻	10隻	42,000両
木綿積合廻船	5隻	3隻	33,000両
計	24隻	17隻	120,000両

これによれば，1隻あたり約940両の損害ということが解ります（表1-4-3）[6]。

このような海難事故に遭遇した場合は，共同海損として，船舶と残った積み荷を保全し，のちに投棄された積み荷の損害を弁償する方法をとっていました。

（2） 廻船航路開発前における海難の制度

廻船式目と海路諸法度

江戸幕府は，廻船の海難に対して，従来からあった廻船式目を使用し，これに基づき海難処理制度を実施しました。

廻船式目とは，日本最古とされる海商法規のことです。貞応2年（1223）にできたという説もありますが，戦国時代という説もあります。おそらくは，長い期間を経て慣習が成文化していったものと考えられます。ここでは，単独海損（損害の直接の被害者のみが負担）と，共同海損（船舶や積み荷の損害を，共同で負担）に分けていました。そして，江戸時代の海難に処理についても，広く利用さ

れていました[7]。

海路諸法度とは，天正20年（1592）に豊臣秀吉が発布した制度です。海路諸法度のなかには，海難証明書である「浦手形」の発行やその他の手続きが記されていました。

海難救助の法令と浦手形（浦證文）：寛永13年（1636）

江戸時代初期までは，廻船の荷受け組織が存在していなかったために，商品の売買の実権は廻船問屋にありました。なかには，船頭や水夫が船内で積み荷を横領したり，故意に浸水させて詐取することもあったようです。そこで，海難に対処する制度が整えられていきます[8], [9], [10]。

寛永13年（1636）8月に，海難処理規定に関する3ヶ条からなる法令が，公布されました。

第1条では廻船遭難の場合，救助船を出すべきことを命じています。第2条では救助報酬基準と救助に成功した場合の報酬額を定めています。第3条では遭難船を調査し浦手形を出すべきことを命じています。この浦手形とは，浦証文ともいわれ，荷打ち（荷物の海上投棄）が不可抗力であったことを示すための公的な証明書になりました。

この幕府の命令が，全国の諸港や浦々に高札として掲示されました。民衆への周知を徹底するため，役人が浦高札を写し取り，沿岸地域の住民を集めて読み聞かせることもあったそうです。

江戸幕府が江戸・大阪間に立てた浦高札の具体的な内容は，以下のようなものでした。

一　何かあったときには，救助船を出すこと。

二　沿岸住民は，船主の依頼に応じて荷物を引き揚げ，船主はこれに対して，雨季荷物は20分の1，沈荷物は10分の1の報酬を出すこと

三　海上に荷物を投棄した場合には，その船の到着地において，その地を担当する代官および庄屋がこれを臨検して残存貨物の明細書である「目録証文」を作成する。もし，船頭が沿岸の住民と共謀して，荷物を投棄したと偽って窃盗した場合は，違反者をことごとく死罪とし，その沿岸地域の全世帯に過料を課す。

四　承応元年（1652）の浦高札には，海上において船同士の荷物の売買を禁じ，違反者は両社とも死罪にし，沿岸住民に不正があれば，大坂もしくは江戸へ訴えでること。

五　乗船した船主の代理人である「上乗り」と船頭が共謀して偽装難破による積み荷の略奪横領を阻止するため，荒天・難風に遭遇した廻船を，沿岸住民は，無断で救助しないこと。もし不正があった場合には，直ちに代官に申し出ること。

六　上乗り・船頭は，廻船の寄港時，船頭・水夫の員数や満載吃水線に異常のないことを，道状（送り状）と照合し，船内の記録調（船内簿）に押印した上で，代官に提出すること。

七　大坂から出航した廻船は大坂奉行，その他の地域からの廻船は，その廻船業者（または廻船問屋仲間）を直轄する代官に寄り，船足（吃水）を定めて，過積載御防止の「極印（満載吃水線）」を船体に打ち，乗組員の減員を禁止する。

八　船員の私用米や他の積み荷がある場合は，没収する。水夫の員数が不足した時，その地で雇い入れ出航すること。

海難救助の法令の追加：寛文7年（1667）

寛文7年（1667）閏2月の法令では，寛永13年の法令に加えて，項目が追加されました。つまり，「日和待ち（天候回復待ち）を理由とした長期にわたる滞船の禁止」，「御城米（幕府への年貢米）の

輸送船は船具・乗り組み員等を完備」、「日和が良いのに破船させた船主・船頭は過失犯として処罰の対象」、「漂着船及び漂着物の処分方法（半年が保管期限）」、「博奕の禁止」等です。

なお、博奕は海難と無関係ですが、各地で蔓延していたため幕府が付け加えたのでしょう。

（3） 廻船航路開発後における海難の制度

御廻米積船御定書（寛文13年（1673））

西廻りと東廻りの廻船航路が開発されると、幕府は、海難制度をさらに充実させていきました。

御廻米積船御定書とは、寛文13年（1673）に、幕府が、御城米輸送を担当する船頭・水主（かこ）、および上乗（うわのり）（積み荷の管理に当たる荷主の代理人）に対して公布したものです。この定書は「船中御条目」とも呼ばれ、城米輸送の取扱いを厳格に定め、その写しは御城米船の船頭の必携書類の一つとなりました。

なお、船の乗り組み員は、舵取り（船頭や船頭以外も含む）、賄（まかない）（甲板長ないし船内諸業務担当）、水主（かこ）（一般甲板員）、炊（かしき）（炊事係）などがありました。しかし、船頭以外を総称して、水主と呼ぶこともありました。

これを契機に、年貢米（御廻米）の江戸の輸送体制が確立していきました。そして、幕府の規定に基づき、江戸期の廻船の共同海損の処理方法も発達していきました。

浦高札の追加（正徳元年（1711）、正徳2年（1712））

正徳元年（1711）5月には、「諸国浦高札」として、海難処理に関して全国規模の周知が改めて行われました。また、正徳2年（1712）8月には、同高札を補完するための「浦々添高札」が出され、「城米等の過積載の禁止」、「遭難に乗じた船頭らによる不正行為の禁止」等が新たに規定されました。これらの高札は海難救助及び処理に関する幕府の法令として、幕末まで効力を有しました。

なお、江戸幕府が発令した「御定書百箇条」（寛保2年（1742））の第38条には、廻船の荷物や海難に関係した不正・犯罪に対して、獄門・入れ墨・遠島・重追放・重過料・死罪と規定し、各地の浦高札にも規定されました。

浦高札の内容（新居関所跡2014年復元）

浦高札には、具体的な事項が記されていました。たとえば、難破の時は救助船を出すこと、難破した船の船主は沿岸住民に報酬を出すこと、積み荷の一部を海上に投棄したときは残存の積み荷を調べること、海上における廻船同士での積み荷の売買を禁止すること、偽装難破の備えとして住民は無断で救助しないこと、極印（満載喫水線）を越える過積載の防止など、でした（図1-4-2）。

特に、沿岸住民が救助に当たったときの報酬額については、浮荷物は価格の20分の1、沈荷物は10分の1などと決められていました。

図1-4-2 新居関所跡（2014年復元）にある浦高札（上部：浦高札、下部：浦添高札（湖西市教育委員会 写真提供））

（4）　共同海損の対象海難と管理組織

単独海損と共同海損

　船舶が荒天に遭遇し転覆や難破など海難の危険に見舞われた場合，積み荷の一部を船長の判断で海上に投棄することがあります。共同海損とは，非常海損（非常の原因によって生じる損害および費用）のうち，船舶と積み荷の双方に共通の危険を免れるために，船舶または積み荷についてなされた処分によって生じた損害および費用をいいます（商法788条1項）。そして，これに該当しない非常海損を，単独海損（船舶衝突により直接生じた損害など）といいます。

　共同海損は，海上取引（貿易）の世界における独特の制度で，紀元前の時代に海の自然法として登場し，その後世界の海洋国家に受け継がれ現在に至りました。我が国でも，共同海損に類似した制度が室町時代後期に制定され，戦国時代も採用されて，江戸時代の海上取引に引き継がれました。

江戸時代の積み荷の損害（荷打ち，濡れ損）

　「荷打ち」によって海難を逃れた場合，投棄された積み荷の荷主も，助かった積み荷の荷主も，投棄された積み荷の損害を公平に負担する制度が取られていました。また，海上投棄だけでなく，浸水により積み荷に「濡れ損」が生じた場合にも適用されました。さらに，多くの積み荷を流失しても，わずかでも積み荷が残存するならば，その売却金額をもって利害関係者の間で按分処理されていました。

　現代のように，保険会社から保険金を受け取るのではありませんが，利害関係者の間で損害を相互に補てんしあうという考え方は，当時としては，ロイド保険成立よりも約250年前の進歩的なアイデアでした。現代の海上貨物保険制度の，さきがけといえましょう。

江戸時代の問屋連合体と海損の管理

　十組問屋とは，大坂屋伊兵衛が発起人となって，元禄7年（1694）に発足した江戸での問屋仲間の連合体です。当初は，塗り物店組，綿店組，酒店組など十組から成っていました。約40年後の享保15年（1730）には，酒荷物を扱う酒店組が分離して樽廻船が台頭し，その約100年後の天保12年（1841）には，六十五組まで増加しましたが，株仲間廃止令によって解散させられました。嘉永4年（1851）に，九十五組となって再興されましたが，明治維新によって解散しました。

　二十四組問屋とは，江戸の十組問屋の結成に応じて，ほぼ同じ時期に発足した大阪の積み荷仲間です。大阪菱垣廻船積問屋二十四組ともいいました。江戸十組問屋の注文に応じて，大阪で江戸へ運ぶ商品を集荷し，これを菱垣廻船問屋に託することを業務としました。最初は，十組で，享保時代（1716〜35頃）には，二十四組となりました。

　つまり，江戸の十組問屋が注文主で，大阪の二十四組問屋は発送元（受注者）でした。

　江戸の十組問屋との間で，積み荷の種類や海損負担の協定を結びました。このため海難時には，積み荷の処分と難破の処理，そして海損の管理を行いました。そして，正徳年間（1711〜1715）に，株仲間として幕府より公認されましたが，その後天保12年（1841）に解散させられました。

(5) 海難事故の発生から清算までの手順

海難事故発生から，浦手形発行と浦改めまで

① 「海難事故発生」から「廻状と触書」まで

荷打ちや破船などの海難事故が起きると，近辺の浦々には廻状と触書が出されます。これは，流れ着いた積み荷等は届け出るように周知するためです（図1-4-3）。

② 浦改め（実況検分）と浦手形（海難証明書）の発行

海難事故が起きると，地元の役人が出向き，「浦改め」と「浦手形の発行」をします。

「浦改め」とは，実況見分と吟味です。事故を起こした船の船主又はその名代が，海難の地に出向きます。そして，役人に申し出て，その立会いのもとに，「浦改め」と称する実況検分と吟味を受けました。このとき，船頭や水主からは，海難の原因や状況を詳細に申告した「届書き」も出されました。そして，届けられた積み荷は取り調べられ，内容を示す「仕訳書（積み荷の調査報告書）」が作成されました。

「浦手形」とは，海難事故証明書です。浦手形には，海難救助等の指揮を執った浦の百姓代，組頭，名主等の署名捺印のほか，事実関係に相違ない旨，役人（御城米役人）が署名捺印して作成した「奥書」も添付されました。

③ 浦仕舞（海難事故処理）

「浦改め（実況検分）」が終わると，「浦仕舞（海難事故処理）」に進みます。ここでは事故発生から救助に至るまでの顛末や船体と積み荷の被害状況とともに，「荷打ちによる損失」，「船舶船具の損失」，「処理費用」を算定します。

「積み荷」については，打ち荷の損失についても残存している積み荷についても，原価の相当する「元値」で計算算定します。

「船舶（廻船）」については，「元船検分」と称し，一定の査定基準に基づき，船体を検査し，その損傷個所，および船具の損失を調査します。このとき，船舶の元値（価格）と，破損個所の修繕費と，捨り道具（破損・損失した船具）の補給費用を，算定します。

「その他の処理費用」としては，救助報酬等の諸経費を算定します。

④ 勘定寄り合い（分担額の決定）

「積み荷」と「船舶（廻船）」の損害額が決定すると，「勘定寄り合い」（廻船問屋と関係荷主の会合）を催し，費用の分担額を決めます。

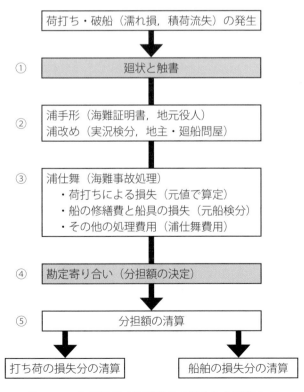

図1-4-3 江戸時代の海難事故の発生から清算まで

この共同海損の主要なものは，上記のように，「荷打ち損害」，「船舶（廻船）の修繕費，捨り道具の価格」，「海難事後処理である浦仕舞の費用」の3つの総合計になります。

⑤　分担額の清算（打ち荷損失分，船舶損失分）

勘定寄り合いの決定にもとづき，打ち荷の損失分と，船舶の損失分を清算します。

これにより，海難事故発生からの一連の手続きは終了します[11], [12], [13]。

廻船航路開発によって，航路の施設（港など）の整備とともに，商圏が拡大し物資輸送が活発になっていきました。それと同時に，海運関係の法令の整備と海難処理制度の確立が重要でした。廻船航路開発以前と比較して，廻船業者の不正が数10分の1に減ったようです。

このように，商取引における不正防止や適切な海難処理の制度は，廻船航路開発において不可欠のものだったのです。

【参考文献】

(1)　仲野光洋・苦瀬博仁「物流システム構築の視点からみた江戸期における廻船航路開発後の廻船の海難処理制度に関する研究」日本航海学会論文集（109号，2003）

(2)　大内建二『海難の世界史』成山堂書店（2000），67-69頁

(3)　石井謙治『和船 I ものと人間の文化史 76-I』法政大学出版局（1999），346-349頁

(4)　石井謙治『和船 II ものと人間の文化史 76-II』法政大学出版局（1999），293頁

(5)　柚木学『近世海運史の研究』法政大学出版局（1979），152頁

(6)　日本海事史学会 編『海事史料叢書 第2巻』成山堂書店（1978），525頁

(7)　田中千束『共同海損の研究』成山堂書店（1980），25頁

(8)　安乗郷土会『安乗雑史』安乗郷土会（1991），152-155頁

(9)　阿児町史編纂委員会『阿児町史』阿児町（1997），145-146頁

(10)　三重県志摩郡阿児町安乗，仲野家文書『諸国廻船亡人過去帳』（天明2年（1782）～寛政10年（1798））

(11)　田中千束『共同海損の研究』成山堂書店（1980），43-50頁

(12)　日本海事史学会 編『海事史料叢書 第3巻』成山堂書店（1978），340-402頁

(13)　児玉幸多『日本の歴史16 元禄時代』中央公論社（1995），225-226頁

第2章　　川 ―河川・運河・河岸

2-1　江戸のまちづくりと河川舟運

　第1章でも記したように，世界の大都市は，水辺に面した地域を中心に発展してきました。たとえば，東京は隅田川や東京湾，ニューヨークはハドソン川とニューヨーク湾，ロンドンはテムズ川，パリはセーヌ川などです。その理由は，鉄道や自動車が存在しなかった近代以前，都市に住む人々に生活物資を大量に供給するためには，海運や河川舟運を利用しなければならなかったからと考えられます。

　そこでここでは，戦国時代から江戸時代を中心に，①城下町の立地選定と江戸，②江戸の都市計画と水運，③河川舟運の役割，④河川舟運での輸送の仕組みを紹介します。

（1）　城下町の立地選定と江戸

城下町を建設する4つの手順

　戦国時代に城下町を建設するときは，「地取り，縄張り，普請，作事」という手順にしたがっていました。現代の言葉に置き換えれば，「立地場所の選定，測量と都市計画，土木工事，建築工事」となります。

　「地取り」とは，城下町を築くときの立地選定のことです。領主にしてみれば，敵からの防衛にすぐれ，風光明媚で交通至便で，しかも都市としての発展可能性を秘めた土地を選ぶことは，当然のことだったでしょう。

　「縄張り」とは，現在，会社内での業務範囲や野生動物の勢力争いにも使われていますが，もとは文字通り縄を張って，敷地の境界や建物の位置を定めることでした。現代の言葉で言えば，都市計画ということになります。

　「普請」とは，道・橋・水路・堤防などの土木工事です。縄張りにより都市の骨格を決めた後で，地盤造成や道路や橋梁を建設したのです。

　「作事」とは，建物の建築工事です。普請という土木工事が終わると，最後に城をはじめとする建築物を建てたのです。

風水による立地選定と物資輸送

　我が国の城下町の建設において，手順の最初の「地取り」については，風水の四神相応の思想にしたがっていました（図2-1-1）。

風水とは，古代中国の思想で，都市・建築・住居などの吉凶を決めるために，土木構造物や建築物の位置を定めるものです。四神相応とは，東西南北の4つの方角を司る四神に対応させることで，地形と色と季節にも対応しています。高松塚古墳の四つの壁も四神が描かれ，大相撲の土俵の上に吊るされている房も四神の色に対応しています。

この風水が示唆する城下町に最適な地点とは，北に山をいだき，東に川を控え，南に水辺があって，西に道の通じる場所なのです。

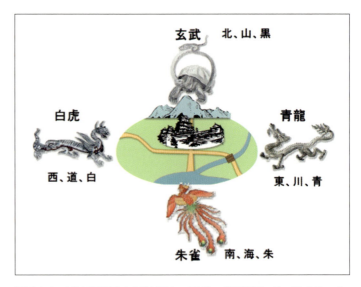

図 2-1-1　城下町建設と四神相応（出典：苦瀬博仁『ロジスティクスの歴史物語』白桃書房（2016））

このとき，東に位置する川には重要な意味があったと考えられます。これは世界の大都市に共通することですが，物資輸送路としての利用です。どんな都市でも，大都市へと発展するためには，人々の生活物資を大量輸送できる機能を備えていなければなりません。戦国の世を生き抜いてきた武将や領主が，物資輸送を担うロジスティクス（兵站(へいたん)）を軽視するはずはないでしょう。だとすれば，風水による城下町の立地選定においても，物資輸送の重要性を意識していたと考えてよいでしょう。

風水の思想を江戸にあてはめてみると，北に駿河台，東に平川と隅田川，南に日比谷入り江と江戸湾，西に東海道となります。江戸城下の水路を隅田川と結べば，江戸湾にもつながるので，物資輸送にはもってこいです。太田道灌が江戸城を築城するときの思想は，徳川家康による河川改修や運河整備によって開花し，江戸は大都市への歩みを始めたのです[1]。

(2) 江戸の都市計画と水運

江戸時代初期の河川や運河の整備

天正18年（1590）に江戸に入った徳川家康は，縄張り（測量，都市計画）の後に，普請（土木工事）と作事（建築工事）に着手します。たとえば，物資輸送のために小名木川を開削しました。一方で，日比谷の入江を埋め立て，市街地を造成していきました。

慶長8年（1603）に江戸幕府を開くと，江戸を全国の政治・経済・文化の中心地にするために本格的に工事を進めていきます。このとき日本橋川を開削し，江戸城下までの水路を開き，日本橋を架けました。慶長9年（1604）には，日本橋に五街道の起点が設定されました。また，日本橋を中心としてこの南北に新橋・京橋・日本橋・神田を貫く通りがつくられ，商人や職人が住む町人地が造られ「下町」となりました。町名も，材木町・本石町・鉄砲町・本革屋町・金吹町・紺屋町・桶町など，幕府の御用を務めた商人や職人に因んでいました。

慶長17年（1612）には，大型の船が着岸できるように，江戸前島東岸で十本の舟入堀が造られま

した。いまも地下鉄の駅名に残っている八丁堀の舟入堀であり，現在の町名では茅場町や八丁堀一帯にあたります。八丁堀の名の由来は，堀の長さが八丁（約872メートル）だったことによります。しかし，明暦の大火（明暦3年，1657）後の埋め立てにより，突堤の周囲の外側は陸地になって八丁堀水路のみが残るようになりました。

元和6年（1620）には，神田川放水路を造り隅田川につなげ，1640年頃までに，江戸は天下の城下町としての初期の整備を終えたのです（図2-1-2）。

図2-1-2　八丁堀の舟入り堀（出典：鈴木理生『江戸はこうして造られた』筑摩書房（2000））

江戸の都市計画の主目的，水運と湊の整備

都市を維持し発展させていくためには，人々に生活物資を供給しなければなりません。だからこそ江戸も，その発展の過程で，物資輸送のための施設整備がなされてきたのです。

都市史研究家の鈴木理生は，江戸の都市計画は，「当時唯一の大量輸送手段としての水運と，その基地を確保するためのものであった。そのため，従来の自然的条件を利用した形の湊を，埋め立て・運河・舟入堀といった人工を加えることによって，近世的な湊に再編成する作業をともなった」と記しています[2]。

また鈴木理生は，以下のような趣旨のことを記しています。「江戸のメインストリートである通り町筋（現・中央通り）は，江戸前島の尾根の部分を選び，北側から神田筋違橋門～日本橋北，日本橋南～京橋北，京橋南～新橋北と，3本の屈折した直線でつながれた。その理由は，道の両側の町の下水処理を優先させるためで，通り町筋を各地区の最高地点を結ぶ形に設定して，雨水と排水を道路の左右に振り分けるためだった」[3]。

（3）　河川舟運の役割

物資輸送に有利だった河川舟運

河川舟運は，江戸だけでなく，全国にありました。しかし，我が国は島国で国土が狭いため，河川の延長距離は短く流れも急で，川幅も狭く水量の変化が大きいために水深も一定していません。このため大陸国に比べれば，河川舟運は最初からハンディキャップがあります。このハンディキャップを克服してでも，河川舟運による物資輸送システムを確立しなければならない理由がありました。

第1の理由は，全国各地と江戸や大坂を結ぶ長距離輸送に廻船航路が必要だったように，各地の海の港（湊）と内陸部を結ぶ必要があったからです。

第2の理由は，内陸部との輸送を，舟による河川舟運と馬や荷車などの陸上輸送を比較したとき，河川舟運が有利だったからです。つまり馬や荷車では振動による荷傷みが激しく，輸送量も限られていたので作業人数も多く必要でした。たとえば輸送量は，馬で米2俵ですが，荷車で米3俵，舟で米45俵から350俵になりました。

このため，山間部や平野部で収穫された物資は，舟運により川を下りながら海の港まで運ばれていきました。加えて明暦の大火（明暦3年，1657）を契機に，全国各地の山間部から江戸に材木を大量に供給するようになり，さらに河川舟運が多く利用されるようになりました。

河川舟運による物流システム

河川舟運による物流システムでは，廻船航路開発と同じように，さまざまな工夫がありました（表2-1-1）。

第1は，個別システムとしての在庫管理と輸送管理の整備です。極印（品物や金銀貨に押した文字や印）による管理や，船番所による船舶の監視と安全管理を行いました。

第2は，インフラの整備です。航路を確保するために，河川改修を行い河岸や船着場を設けていきました。また舟の航行管理のために川船奉行職を配置したり，極印による偽造・盗難防止と税の徴収体制を整えていきました。

なお江戸初期の河川舟運は，主に地元領主（大名など）が船主となって運営されていましたが，次第に地元有力農民が自主的に運航したり船主になり，さらには河岸問屋が設立されることで，ますます河川舟運が盛んになっていきました。

表 2-1-1　河川舟運における物流システム

1. 河川舟運における個別システムの整備		
在庫管理	数量管理	極印による積み荷の数量管理
	品質管理	極印による積み荷の品質管理
輸送管理	水番所設置	危険な航行の監視
2. 河川舟運におけるインフラの整備		
施設	航路開発	河川改修による川幅と水深の改善
	寄港地整備	河岸や船着場の整備
	川舟	川舟の建造の承認
技術	水番所設置	番所の設置と川舟奉行職の配置による航行管理技術
制度	極印	偽造防止や盗難防止と徴税制度の確立
	川舟建造	有力農民の船主や河岸問屋の誕生

（出典：苦瀬博仁『ロジスティクスの歴史物語』白桃書房（2016））

古い町並みと物資輸送の関係

全国の観光地のなかには，小京都や小江戸と呼ばれる景観の優れた地方都市が多くあり，訪れる人々を和ませてくれています。

小京都は「京都に似た歴史と景観，京都との歴史的なつながり，伝統的な産業と芸能があること」

のどれかを満たすことで、全国京都会議によって認定してもらえるようです。角館、高山、郡上八幡、近江八幡、津和野、龍野、大洲などが有名です。小江戸は、もう少し遠慮がちで、都市の数も少ないようです。「江戸との関わりが深く、江戸の風情を残す古い町」ということで、川越、栃木、佐原などが代表的です。

そんな小京都や小江戸を名乗る街の共通点が、川と蔵の存在です。蔵の街というと、防火のために土蔵づくりを奨励した街も多いようですが、水辺があり蔵が建つということは、河川舟運による物流で栄えた証でもあります。だからこそ小京都や小江戸の起源をさかのぼると、河川舟運との関わりが浮かび上がってくるのです。たとえば、関東地方にかぎっても、栃木は鬼怒川舟運の遡上最終地点でした。川越は、武蔵国における物資輸送の拠点でした。佐原は利根川舟運の中継拠点でした。そして蔵は、物流とは切っても切れない縁を誇るかのように、黒い瓦と白い壁のコントラストのなかで、周囲を見渡すように堂々と建っています（図2-1-3）[4]。

図2-1-3　川と蔵の街, "小江戸" 栃木（平成14年9月2日撮影）

河岸のできる場所

河川舟運沿いの街には、物資の積みおろしのために河岸(かし)が造られました。

川と蔵があれば、必ず荷揚げのための施設として河岸が必要になりますが、その場所には法則性があったようです。

第1は、川舟の中継地点や遡行終点です。川幅や水深が変化する場所には、大舟から小舟に荷を積み替えるための河岸があるのです。全国の河川で見ると、北上川の黒沢尻（岩手県北上市）や最上川の大石田（山形県大石田町）などが代表的です。また川幅や水深が限界となって川舟が運行できなくなる遡行終点にも、河岸ができ街が発達します。利根川の倉賀野（群馬県高崎市）や鬼怒川の栃木（栃木県）、北上川の盛岡（岩手県）などです。

第2は、河川の合流地点や分流地点です。ここでは、他の河川から小舟で運ばれてきた下り物資を大舟に積み替えたり、逆に上り物資を小舟に分けたりしました。利根川流域では、栗橋（埼玉県久喜市）が代表的です。

第3は、街道や廻船航路などと結節する河岸です。物資の積み替え拠点や中継拠点から、街へと発達していきました。街道と河川との結節点にある倉賀野や安食（千葉県栄町）の河岸は宿場町でもあり、廻船航路との結節点である銚子（千葉県）は港町でもありましたが、物資輸送にも深く関わっていたのです。

第4は、城下町や宿場町などです。関宿（千葉県野田市）のような城下町の河岸は、城の堀に近接して設けられることが多く、境（茨城県）のような宿場町の河岸は、街道と河川の交差地点に作られることが多かったようです。

第5は，物資輸送に直接関係なくても，香取（千葉県）のように神社仏閣への参詣客の乗り降りのために河岸がありました。また関東の栗橋のように，関所や番所が併設された河岸もありました[5]。

（4）　河川舟運での輸送の仕組み

河川舟運による輸送方法

河川舟運で利用された舟が，高瀬舟や平田舟です。これらの舟に共通する特徴は，浅瀬でも航行できるように喫水（船体の最下端から水面までの長さ）が浅く，船底が平らで細長いことです。ただし船体の大きさや積載量は，河川の川幅や水深によって異なりました。なかには，帆を張り風を利用するための帆柱を備えた舟や，屋形船のように屋根のついた船もありました[6],[7]。

河川は，上流になるにつれて川幅が狭くなり水深も浅くなるので，河口部から上流部まで航行するときには，途中で大舟から小舟に物資を積み替えることもありました。最上川では，下流での平田舟から上流の小鵜飼舟に積み替えた場所が，大石田河岸です。川舟が流れに逆らって河川を上るときは，帆柱を立てて帆を張り風を利用したり，河川沿岸の土手から綱で川舟を曳きました。大舟が浅瀬で航行できなくなったときは，小舟に物資を分けて一時的に大舟の喫水を浅くして浅瀬をやり過ごしてから，再び大舟に物資を積み戻すこともあったようです[8],[9]。

河川舟運で使われた舟の積載量は，最上川の場合，小舟1艘あたり米45俵積みで船乗り1人，中舟1艘あたり米200俵で3人，大舟1艘あたり米350俵で5人だったようです。利根川の大舟は最大積載量が1,200俵でした（表2-1-2，図2-1-4）[10]。

荷車や馬による輸送方法を，川舟と比較してみましょう。

荷車のうち「大八車」とは，8人分の仕事をする二輪の荷車で，大八車1台に米5俵積んだときの作業人数は3人でした。関西地域で使用された「べか車」は，二輪で車体も車輪も板張りであり，べか車

表 2-1-2　輸送手段別の積載量と作業人数

輸送手段		積載量（米俵）	作業人数（人）
陸上	馬	2	1
	荷車（大八車）	3	1
河川	川舟（小舟）	45	1
	川舟（中舟）	200	3
	川舟（大舟）	350	5
海上	50石積み廻船	125	3
	千石積み廻船	2,500	20

（出典：苦瀬博仁『ロジスティクスの歴史物語』白桃書房（2016））

図 2-1-4　北上川を航行した平田舟（平成19年11月25日撮影）

1台に米4俵（5俵が限界）積んだときの作業人数は2人でした。大八車やべか車などは，農村では農民が村から逃亡することを防ぐため，また城下町では道路に轍ができたり橋梁を破損することを防ぐために，利用が制限されてたようです。

馬による長距離輸送には，伝馬と中馬がありました。伝馬とは，宿場ごとに積み替えて輸送していく駅伝方式の輸送方法で，江戸時代は幕府が主要な街道の宿場ごとに馬を常備していました。中馬とは農民による輸送方法であり，輸送物資を積み替えずに直接届け先に運ぶもので，現代の民間の輸送業者にあたります。河川舟運の便が悪かった信州を中心に発達しました。馬では，背に2俵しか載せることができず，しかも振動により荷傷みや荷崩れを起こすことがありました。伝馬では，積み替えによる荷傷みもあったようです。

舟による輸送は，積み替えも少なく振動も小さいために，荷車や馬による輸送に比較すれば荷傷みも少なかったようです。また作業人員1人あたりの輸送量が多く費用も安くなるので，河川舟運は輸送効率と経済性で優れていました。だからこそ，舟が円滑に航行できるように，河川の開削や改修工事が頻繁に行われたのです[11]。

河川舟運で使用した貨物の包装方法

全国の河川舟運を見渡すと，輸送物資は，下りでは米や特産品，上りでは塩や古手着物・海産物（干鰯・干魚など）が主でした。このとき河川舟運での輸送容器と積載方法には，いくつかの種類がありました（表2-1-3）。

第1は，俵です。円筒形の俵は主に米や塩などを包装し，四角い俵は薪炭などに利用していました。

第2は，樽です。酒や醤油などの樽には二斗樽（36ℓ）や四斗樽（72ℓ）があり，この樽によって積載方法も標準化されていました。

第3は，紙による包装です。木綿を和紙で包装したり，またその上に水に強い材質である柿渋を塗った油紙で包装していました。

第4は，舟への直積みです。物資を川舟に直接積んでいました。

第5は，筏です。筏流しと呼ばれる方法で切り出した丸太をそのまま流し，途中の河岸で切断して角材や板にしてから，再度筏に組み立てたり，川舟などに積み込んで輸送しました。

表2-1-3　河川舟運での貨物の包装

包装の種類	積み荷	積み方の特徴
俵	筒形：米や塩など 四角型：薪炭など	米俵1俵は60kgで，俵により輸送重量も計上や大きさも規格化されて，輸送も保管もしやすかった
樽	酒，醤油など	樽には，二斗樽（36ℓ）や四斗樽（72ℓ）があった 江戸初期は二斗樽2つを馬に載せていたが，その後四斗樽を載せるようになった
紙	木綿など	和紙，柿渋を塗った油紙を使用
直載	石炭など	川舟に直接積む手法
筏	材木	材木を筏にして河川を下る 木曽川では，筏流しとして丸太をそのまま流し，途中の河岸で切断して角材や板の状態にし，再度筏に組み立てたり，川舟などに積み込んで輸送した

（出典：苦瀬博仁『ロジスティクスの歴史物語』白桃書房（2016））

【参考文献】

(1) 苦瀬博仁『新・ロジスティクスの歴史物語』白桃書房（2022 年），4-14 頁

(2) 鈴木理生『江戸はこうして造られた』筑摩書房（2000 年），116-118 頁

(3) 鈴木理生『図説 江戸・東京の川と水辺の事典』柏書房（2003 年），118-119 頁

(4) （1）と同じ，39-50 頁

(5) 小林高英・苦瀬博仁・橋本一明「江戸期の河川舟運における川舟の運行方法と河岸の立地に関する研究」日本物流学会誌（第 11 号，2003 年），121-128 頁

(6) 荒井秀規・櫻井邦夫・佐々木虔一・佐藤美知男 編『交通（日本史小百科）』東京堂出版（2001 年），171-178 頁

(7) 石井常雄『馬力の運送史：トラック運送の先駆を旅する』（東ト協 Books），白桃書房（2001 年），11-24 頁

(8) 豊田武・児玉幸多 編『体系日本史叢書 24 交通史』山川出版社（1970 年），332-349 頁

(9) 森田保『利根川事典』新人物往来社（1994 年），106-146 頁

(10) 山形県『山形県史 第 2 巻 近世編 上』吉川弘文館（1985 年），640-661 頁

(11) 永原慶二・甘粕健・吉田孝『交通・運輸』日本評論社（1985 年），296-312 頁

2-2　関東地方の河川と江戸・東京

　江戸（現 東京）は，利根川や荒川などの大河川がつくった広大な関東平野に位置しています。これらの河川は，上水道や農業などのための水源とともに，物資輸送のための舟運などに利用されます。しかし一方で，河川は洪水被害をもたらすこともあります。だからこそ，江戸の発展には，河川の利用（利水）と制御（治水）の2つが不可欠でした。

　ここでは，①利根川や荒川をはじめとする関東地方の水系の歴史，②利根川の東遷と荒川の西遷，③洪水対策としての利根川と荒川の堤，④明治以降の利根川・荒川の河川事業，⑤現在の利根川・荒川の河川事業を紹介します。

（1）　関東地方の水系の歴史

関東平野と利根川水系の歴史

　地球には間氷期と氷河期があり，海面の上昇（海進）と海面の低下（海退）が繰り返されています。

　約5000年前の縄文時代初期の大規模な海進では，海面が今よりも10メートルほど高く，沿岸部や利根川など河川の沿川低地の大部分は海となっていました。しかし縄文時代の中期から海面は次第に下がりはじめ，河川は大地をけずり，土砂を中流部や下流部に堆積させ，沖積平野として現在の広大な関東平野がつくられました（図2-2-1）。

　今から1000年ほど前，利根川下流には広大な入り江が広がっていました。毛野川（現在の鬼怒川）などから運ばれた土砂が積もり，出口をなくした川が湖沼になったのです。これが現在の霞ヶ浦周辺の水郷地帯で，万葉集には「香取の海」として登場します（図2-2-2）。

　徳川家康が江戸に入った16世紀の末頃において，利根川，渡良瀬川，鬼怒川はそれぞれ別々の河川でした。当時の利根川は，荒川と合流して埼

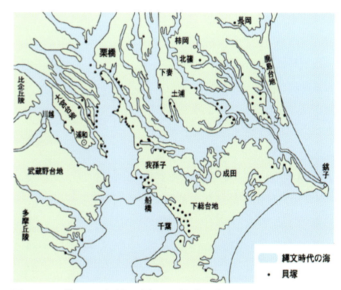

図2-2-1　約5000年前の利根川（出典：豊田武・藤岡謙二郎・大藤時彦『流域をたどる歴史（三）関東編』ぎょうせい（1979））

図2-2-2　約1000年前の利根川（「利根川の概要と歴史」，利根川下流河川事務所ウェブページ＜ https://www.ktr.mlit.go.jp/tonege/tonege_index016.html ＞（参照 2024.8.5））

玉平野を乱流しながら，隅田川を経て東京湾に注いでいました。古利根川はその名残です。一方，渡良瀬川は，太日川（現在の江戸川）を下り，東京湾に注いでいました。さらに鬼怒川は，小貝川を合わせて常陸川（現在の利根川下流部）の流路に沿って太平洋に流れ込んでいました。

現在の関東地方の水系図

河川は上流部から小さな河川が合流し，この合流を繰り返しながら海へ向かうにしたがい，大きな河川となっていきます。これら一群の河川を合わせた単位を「水系」といいます。

1965年に施行された河川法によって，国土保全上または国民経済上特に重要な水系のうち政令で指定されたものを「一級水系」と呼んでいます。「一級河川」とは，一級水系に係る河川のうち，河川法による管理を行う必要があるために，国土交通大臣が指定（区間を限定）した河川です。「二級河川」は，一級水系以外の水系で公共の利害に重要な関係があるものに係る河川で，河川法による管理を行う必要があるために，都道府県知事が指定（区間を限定）した河川です。

関東地方には，8つの一級水系（利根川，荒川，久慈川，那珂川，多摩川，鶴見川，相模川，富士川）があります（図2-2-3，表2-2-1，図2-2-4，図2-2-5）。

図2-2-3　現在の関東地方の主要な河川
（「関東の一級河川」（国土交通省ウェブページ）（一部修正））
http://www.mlit.go.jp/river/toukei_chousa/kasen/jiten/nihon_kawa/03_kanto.html（参照2024.8.5））

表2-2-1　関東地方の一級水系の概要

水系名	幹川流路延長[※1]（km）	流域面積[※1]（km^2）	豆知識
ナイル川	6,695	334.9万	世界で一番長い川
信濃川	367	11,900	日本で一番長い川
利根川	322	16,840	長さは日本で二番目 流域面積は日本で一番目
荒川	173	2,940	日本最大の川幅（2.5km）[※2]
那珂川	150	3,270	
多摩川	138	1,240	
富士川	128	3,990	
久慈川	124	1,490	
相模川	113	1,680	
鶴見川	43	235	

（利根川〜鶴見川：関東地方の一級水系）

※1　ナイル川：「理科年表 平成30年」（国立天文台 編），日本の川：「関東の一級河川」（国土交通省ウェブペー
※2　「荒川水系河川整備基本方針」（国土交通省荒川上流河川事務所）

（著者撮影）　　　　　　　　　　　　　　　　　　　　　　　　　（著者撮影）

図 2-2-4　利根川・江戸川分派点（関宿）　　　　　　図 2-2-5　荒川・川幅日本一の標柱

（2）　利根川の東遷と荒川の西遷

利根川東遷の始まりと治水事業

　利根川東遷とは，江戸湾（現在の東京湾）に流れこんでいた利根川の流路を付け替えて，銚子から太平洋に流した事業のことです（図 2-2-6）。

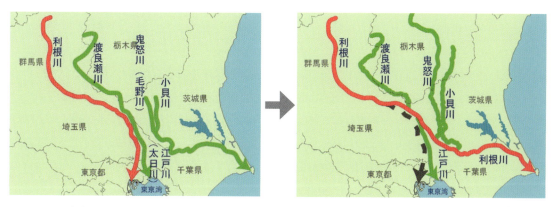

図 2-2-6　利根川東遷の概要（国土交通省「利根川水系流域及び河川の概要」，利根川水系河川整備方針
　　　　　＜ https://www.mlit.go.jp/river/basic_info/jigyo_keikaku/gaiyou/seibi/pdf/tone-5.pdf ＞（参照 2024.8.5））

　利根川東遷事業の始まりとされているのが，文禄 3 年（1594），忍藩主松平忠吉の命によって会の川（古利根川筋）の締切りでした。これにより，利根川の主流路は初めて人為的に東へ移動することとなりました。

　さらに元和 7 年（1621）から承応 3 年（1654）の間に，関東郡代の伊奈氏により赤堀川が開削・拡幅され，利根川の水が常陸川方面へと流れるようになりました。

　その後も治水事業が進められましたが，現在の利根川の姿になるのは，明治以降の近代的河川改修を待つことになります。利根川の東遷は，江戸時代から今日まで続く大事業ということができます。

利根川東遷の目的

　徳川幕府により，17 世紀前半までに行われた一連の利根川改修（瀬替え＝東遷）の目的については，さまざまな説があります。

第1は治水説であり，工事が行われた地先周辺の治水対策を主目的とするものです。

第2は利水説であり，河川改修の目的が新田開発や農業生産の安定化にあるとするもので，瀬替え自体は新田開発などの手段だったというものです。

第3は舟運説であり，利根川の東遷の最大の目的が，舟運のための航路確保というものです。

実際には，地域や場所により目的に多少の違いがあったとしても，いずれの説も説得力があります。実際には，多目的な事業だったと考えてよいでしょう。

利根川東遷と舟運

ここでは，利根川東遷の第3の舟運説を取り上げ，特に航路確保について考えてみましょう。

慶長8年（1603）に徳川家康が江戸に幕府を開いたことにより，江戸は日本の政治の中心となりました。江戸城の普請，城下町の建設，さらには寛永11年（1635）の参勤交代制度などをきっかけとして，江戸の人口は急増し，大量の物資輸送が必要となりました。

当時，利根川水系の各河川は，信濃や越後，あるいは北関東からの物資を運ぶ重要なルートでした。一方，東北諸藩からの物資は外海を経由して江戸に運ぶ東廻り航路がありましたが，風待ちのために多くの日数を要し，鹿島灘や野島崎沖の難所を通らなければなりません。このため，海上ルートを避けるときには，常陸国（現在の茨城県）の那珂湊から途中陸送を伴うルートも利用されていました。しかし，陸路を使用すると積み替えが生じて荷が傷むことも多く，輸送力も限られていました。

東遷によって利根川水系は，関東平野に巨大な内陸水路網を形成することとなります。関東地方だけでなく，外海で結ばれた東北地方からの物資も，利根川下流～江戸川～新川～小名木川を経由して，盛んに江戸との間を行き交うようになり，川沿いには河岸が数多く設けられ賑わいました。

なお，明治23年（1890）には利根川と江戸川を結ぶ利根運河が開通し，東京への舟運は従来と比較して，航路も日程も大幅に短縮されることとなりました。明治24年（1891）には，年間3万7,000艘もの船が利根運河を通航した記録があります。こうして明治前半までは物資輸送の中で重要な地位を占めていた舟運でしたが，鉄道網の整備や道路の改良などにより陸上交通が発達し，舟運は徐々に衰退していきました。

権現堂堤

利根川東遷により，利根川の本流は，従来の川筋（権現堂川）から東（赤堀川）に移ることになりますが，それまでの常陸国と武蔵国の境は，旧利根川（権現堂川）でした。この東遷によって利根川の本流が東に移動することにより，現在の茨城県五霞町は，常陸の国の文化圏から分断されることになりました。逆に旧利根川は支流となり現在では調整地となっています。この結果，現在の五霞町は，常陸国（茨城県）でありながら，生活圏や文化圏としては武蔵国（埼玉県）に依存するようになっています。

この権現堂川（別称，古利根川）には，権現堂堤があります。埼玉県幸手町のホームページによれば，「権現堂堤は，天正4年（1576年）頃に築かれたといわれています。しかし，権現堂堤はすべてが同時期に築堤されたのではなく，河川流路の締め切りやそれに伴う築堤により部分的に作られていったものが後につながり，権現堂堤になったとされております。」とし，「権現堂川は暴れ河川としても恐れられ，利根川東遷後ですが，宝永元年（1704年）に，はじめて権現堂堤が切れてより，幾度も決壊をしてきました。その被害は遠く江戸にまでおよび，大江戸八百八町の半ばは水浸しになる

と言われ江戸を守る堤として大切に管理されておりました。」と記されています[(1)]。

このように，権現堂川堤は江戸の市中の洪水を防止する役目があったという説が有力ですが，一方で，権現堂堤が江戸市中よりも主に埼玉平野の洪水防止の役割があったという説もあります。

そもそも，利根川東遷のような大規模な土木工事の目的を，1つに限定する必要はないように思います。そう考えれば，利根川東遷の目的の中に，第1の治水目的として洪水対策もあれば，第2の利水目的としての埼玉平野の水田開発もあったことは当然のように思えます。

荒川の西遷

荒川は，現在の埼玉県熊谷市付近から扇状地を形成して流れていますが，その名の通り流路が変わりやすく，洪水に対して非常に不安定な河川でした。

そのため，寛永6年（1629），久下村地先において新川を開削して入間川の支川であった和田吉野川と合わせ隅田川に合流させ，東京湾へ注ぐ流路に変えました。この一連の工事は後に「荒川の西遷」と言われ，利根川と荒川を分離し，現在の荒川の骨格が形成されました（図2-2-7）[(9)]。

図2-2-7　荒川の西遷の概要
（荒川放水路変遷誌編集委員会 編「荒川放水路変遷誌」国土交通省関東地方整備局荒川下流河川事務所調査課（2011）＜ https://www.ktr.mlit.go.jp/ktr_content/content/000704042.pdf ＞（参照2024.8.5））

（3）利根川の中条堤・文禄提と荒川の日本堤・隅田堤

利根川の中条堤・文禄堤

利根川の右岸，現在の埼玉県熊谷市妻沼には江戸時代以前より，利根川の川岸から離れて妻沼低地に向かう「中条堤」がありました。この中条堤は，対岸の「文禄堤」と合わせて利根川の瀬戸井・酒巻狭窄部の上流に漏斗状の地形を作り，無堤区間を介して妻沼低地に洪水を氾濫，遊水させる役割を果たしていました（図2-2-8）。

これらによって利根川の下流に流れる洪水流量を低減させることとなり，利根川の洪水から江戸を守ったという点で，この中条堤の働きが大きいと考えられています。もちろん，中条堤の上流側では氾濫流が貯留されて被害が生じることになります。こうした堤防を挟んだ地域間の不平等は，議論や

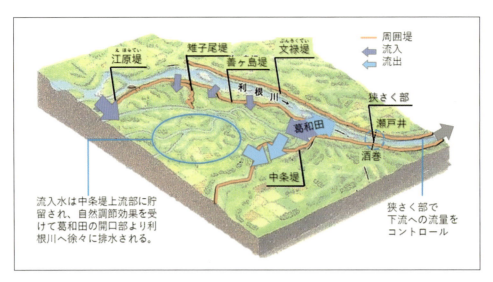

図 2-2-8　中条堤と文禄堤（「江戸時代の利根川」国土交通省関東地方整備局利根川上流河川事務所
＜ https://www.ktr.mlit.go.jp/ktr_content/content/000086884.pdf ＞（参照 2024.8.5）を加工して作成）

騒動を生むことになり，論所堤と呼ばれていました。

江戸時代を通じて利根川治水の要であった中条堤ですが，近代河川改修による築堤工事が進められた結果，明治 43 年（1910）に廃止されることになりました。

荒川の日本堤・隅田堤

中条堤と同じような治水対策は，荒川の日本堤・隅田堤にも見られました（図 2-2-9）。

江戸の市街地を洪水から守るこれらの堤防がどのように成立したかは明らかではありませんが，荒川（現在の隅田川）の右岸の上野の台地から延びる微高地をつないだ日本堤は，元禄 6 年（1693）の築造とも言われています。

一方，荒川の左岸にある隅田堤は，16 世紀後期の築造と言われています。

この日本堤と隅田堤がつくる狭窄部によって，洪水はその上流側で氾濫・遊水することで下流の洪水を防いでいました。
（図 2-2-10，図 2-2-11）

図 2-2-9　日本堤と隅田堤（「荒川水系流域及び河川の概要」国土交通省ウェブサイト
＜ https://www.mlit.go.jp/river/basic_info/jigyo_keikaku/gaiyou/seibi/pdf/arakawa29-5.pdf ＞
（参照 2024.8.5））

図 2-2-10　日本堤
(「名所三十六景　東都隅田堤」,「錦絵でたのしむ江戸の名所」国立国会図書館ウェブサイト
＜ http://www.ndl.go.jp/landmarks/details/detail329.html ＞（参照 2024.8.5））

図 2-2-11　隅田堤
(「名所江戸百景　よし原日本堤」,「錦絵でたのしむ江戸の名所」国立国会図書館ウェブサイト
＜ http://www.ndl.go.jp/landmarks/details/detail299.html ＞（参照 2024.8.5））

（4）　明治以降の利根川・荒川の河川事業

近代河川事業のはじまり

　明治以降，西欧の科学技術が導入され，近代的な河川事業が実施されるようになりました。そして，明治 29 年（1896）には旧河川法が制定され，治水事業が国の直轄事業として実施されるようになりました。

　利根川における最初の改修事業は明治 33 年（1900）に着手され，計画的で大規模な築堤，河道掘削が行われました。以後何度かの計画改訂を経て，今日に至っています。

荒川放水路事業

　荒川では，明治 43 年（1910）8 月の大洪水を契機に，抜本的な治水対策として放水路事業が計画され，翌 44 年に着手されました。荒川放水路の開削工事は，その土量や費用においてもきわめて大規模な事業でした。掘削・浚渫した土砂の総量は 2,180 万 m³ と，東京ドーム約 18 杯分にもなりました。

　また，必要な用地も広大であり，民家 1,300 戸をはじめ，多くの田畑，鉄道，寺社が移転を余儀なくされました。工事途中の大正 12 年（1923）には関東大震災が発生するなど工事は難航しましたが，20 年の歳月をかけて昭和 5 年（1930）に完成しました（表 2-2-2）。

表 2-2-2　荒川放水路の工事規模の概要

総工事費	31,446,000 円
延長	22km
浚渫土量	910 万 m³
掘削土量	1,270 万 m³
築堤土量	1,204 万 m³
鉄道橋	4 橋
道路橋	13 橋（1 鉄橋，12 木橋）
閘門及び水門	閘門 3 ヶ所，水門 7 ヶ所
土地買収	1,098 町歩
移転戸数	1,300 戸

（出典：「荒川放水路変遷誌」荒川下流河川事務所（2011））

荒川放水路はその後，昭和39年（1964）の新河川法にもとづき荒川の本川と位置付けられ，それまでの荒川は放水路から分流する支川・隅田川となりました。

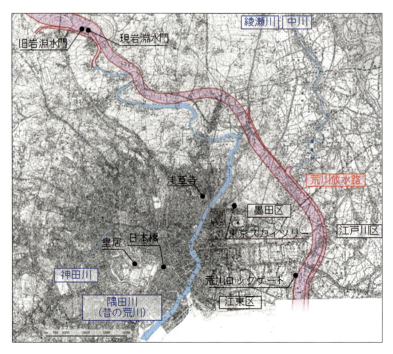

図 2-2-12　明治 42 年（放水路開削以前）の地図に荒川放水路を表示した図（「地図でみる東京の変遷」（日本地図センター）を基に作成）

放水路事業と首都圏の都市づくり

　荒川放水路の完成により，荒川，隅田川の治水安全度は飛躍的に高まることとなりました。しかし，放水路事業の効果はそれだけではありません。荒川下流部の広大な河川敷は，市街地が密集する東京に貴重なオープンスペースを提供し，区部最大の都市計画緑地として，多くの市民の憩いの場となっています（図 2-2-13，図 2-2-14）。

　また，放水路は人工的な水路ではありますが，完成後 90 年が経過する今日では，ヨシ原や干潟など自然地再生の努力もあり，市街地のなかに多様な自然環境を形成しています。

図 2-2-13　旧岩淵水門（著者撮影）

図 2-2-14　荒川フェスタ（北区・岩淵地先）（著者撮影）

第 2 章　川 —河川・運河・河岸　　55

このように，放水路事業は単に治水対策のみならず，都市の骨格をかたちづくり，多面的な効果を
もたらすインフラ整備事業ということができます。

（5）　現在の利根川・荒川の河川事業

利根川・荒川の主な治水事業

江戸時代から昭和中期にかけて，物資輸送の主役でもあった河川舟運でしたが，明治期以降の鉄道
の発達と昭和のモータリゼーションによる貨物自動車の普及により，昭和中期以降，河川舟運は少し
ずつ姿を消していきました。このため，河川の役割は，治水（水害の防御）と利水（水資源の利用）
に重点が移っていきました。

首都圏を抱える利根川・荒川流域において，人口と資産の集積が著しいため，万が一，決壊や浸水
が発生した場合には，人命や資産さらには日本の中枢機能にも多大な影響を与えるおそれがあります。

このため治水事業として，各水系・河川において「河川整備基本方針」ならびに「河川整備計画」
が定められ，洪水，津波，高潮等による災害の発生の防止または軽減するための，さまざまな事業が
行われています（表 2-2-3）。

表 2-2-3　利根川水系の治水事業の例

洪水の流下対策	堤防の整備，河道掘削，洪水調節容量の確保など
堤防の浸透・侵食対策	堤防強化，高水敷整備，護岸整備など
高潮対策	高潮堤防
超過洪水対策	高規格堤防の整備
地震・津波遡上対策	耐震・液状化対策，施設遠隔操作化・自動化など
内水対策	排水機場の整備など
危機管理対策	緊急復旧活動等の拠点整備など

利根川・荒川の主な水資源開発事業

利水事業としては，首都圏への安定的な水の供給を行うため，「利根川水系及び荒川水系における
水資源開発計画（フルプラン）」が策定されています。

これは，利根川水系や荒川水系に，上水道用水，工業用水，農業用水などの各種用水を依存してい
る茨城県，栃木県，群馬県，埼玉県，千葉県及び東京都の地域において，水の需要見通しに応じた安
定的な水の利用を可能にするための計画です。

完成済の事業の運用とともに，下記のような事業を行っています（表 2-2-4，図 2-2-15）。

表 2-2-4　利根川水系の利水事業の例

思川開発事業	ダム建設と河川を結ぶ導水路による水資源開発
八ッ場ダム建設事業	利根川の洪水対策と，生活・工業用水の確保
霞ヶ浦導水事業	那珂川，霞ケ浦，利根川などの資源有効活用
利根導水路事業	水道用水と工業用水の確保，浸水被害の防御
房総導水路築事業	水道用水と工業用水の確保

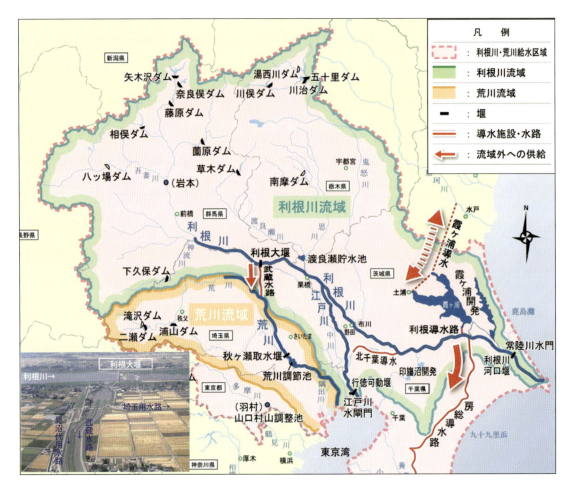

図 2-2-15　利根川水系の広域的な水利用（「利根川水系の水利用及び環境に関する特徴と課題」（第 30 回河川整備基本方針検討小委員会資料），国土交通省ウェブサイト
＜ https://www.mlit.go.jp/river/shinngikai_blog/shaseishin/kasenbunkakai/shouiinkai/kihonhoushin/051219/pdf/ref7.pdf ＞（参照 2024.8.5））

【参考文献】
(1)　「権現堂堤の歴史」幸手市観光協会ウェブサイト＜ https://www.satte-k.com/gongendo/history/index.html ＞

2-3　江戸市中の運河と流通

　天正18年（1590），徳川家康が江戸に入府すると，江戸城と城下町江戸の建設が始まります。後北条氏の支配下にあった江戸城を自らの居館とし，その東側の地域，現在の日本橋川以北の神田・日本橋周辺に商人・職人が暮らす城下町を開きました。

　常磐橋御門から北東へ向けて本町通りを開き，それを親骨のようにして町割りを行っていきました。地域の北側の神田方面，特にのちの東神田は手工業地として，職人頭に土地が与えられ職人が集住する職人町（やがて職人は江戸市中に分散），海に近い日本橋本町周辺は商人の町として位置づけられ，公的人馬の確保・公用の物資輸送を担う伝馬役を務める大伝馬町（全国向け）・小伝馬町（江戸市中向け）といった町も日本橋に置かれました。

　慶長8年（1603），徳川家康が征夷大将軍となり，江戸が江戸幕府の所在地になるにつれ，江戸城の拡大・整備，埋め立て・開拓による市街地の拡大にともない，人と物資輸送のための運河が必要になっていきます。

　ここでは，①江戸の建設と運河の開削，②小名木川の開削，③深川の地形と深川番所の設置，④江戸下町の運河のネットワークについて紹介します。

（1）　江戸の建設と運河の開削

道三堀

　江戸城は，西からせり出してきた武蔵野台地の先端部にあり，その東側には日比谷入り江が深く入り込み，さらにその東には江戸前島と呼ばれる微高地の「半島」がありました。その付け根部分が日本橋川で，その北側の本町方面は強固な地盤だったと思われます（図2-3-1）。

　江戸城が整備されるにつれて，城下町の中心，日本橋方面と城内を結ぶ水路が必要になりました。のちに埋め立てられた日比谷入江の最奥部，和田倉の近くに日本橋川からつなげる形で道三堀を開きました。この和田倉とは，「和田」が海を意味しているので，海沿いの倉という意味ですが，いかにも太田道灌が在城の時代，日比谷入り江が健在だった頃を彷彿とさせます。道三堀の名称は，沿岸に江戸幕府の侍医，今大路道三の屋敷があったことに由来しています。

図2-3-1　慶長10年～13年（1605～08）の江戸（出典：鈴木理生『図説 江戸・東京の川と水辺の事典』柏書房（2003））

この道三堀から日本橋川へかけての流れに交差して、外堀が開かれました。通常、外堀は城の防衛のために開かれますが、城下町の中心日本橋にほど近いこの周辺の外堀は、小舟が行き交うような、運河としての役割も担っていたと考えられます。

　道三堀については、随筆『落穂集』に「江戸町屋ノ始リハ、今ノ日本橋ヨリ道三河岸ヲ掘ラレシヲ初ニテ、夫ヨリ次第ニ竪堀横堀ナド出来」と記されており、城下町誕生の先駆けだったことがうかがえます。

　道三堀をはじめ、堀留川、舟入堀、三十間堀は、『新添江戸之図』に描かれています。この絵図の制作は明暦3年（1657）とされていますが、江戸城に天守閣が見られることから、同年1月に起きた明暦の大火直前の状況が記載された地図と考えられます（図2-3-2）。

　この堀の東端、外堀の近くに銭瓶橋という橋が架かっていました。「この橋懸初し時、銭の入る瓶を掘出せしよりの名なる」（『御府内備考』）と記されています。橋を架けようとしたところ、地中から貨幣の入った瓶が出土した、という伝承から命名されました。

図2-3-2　『新添江戸之図』
（明暦年間（写本），国立国会図書館 所蔵）

この橋の下には、北側に神田上水、南側に玉川上水の排水口がありました。その水を水船が受け取り、日本橋川・隅田川を経て、本所・深川方面に給水していました。

　道三堀が埋め立てられたのは、明治43年（1910）の市区改正事業でのことで、現在は丸の内周辺のビル群が建ち並び、かつての流路を捉えることは難しくなっています。

堀留川

　堀留川は、日本橋川から北西に角のように突き出した堀で、堀江町入堀・伊勢町堀と呼ばれる2筋の運河です。家康入国時、石神井川が現在の練馬・板橋方面から環状線のように蛇行し、不忍池・神田お玉が池を経由して江戸の海に注いでいました。城下町の成立・拡大のため、水害対策として、流れを城下の中心より北側にあたる神田川に付け替えて隅田川に流します。しかし石神井川河口にあた

る部分は元の流れを活かしながら，慶長年間（1596 ～ 1615）に整備・開削して掘割にしました。これが2筋の運河の始まりです。西側を流れる伊勢町堀は，堀の北端が西に屈曲しています。

伊勢町堀の名は，伊勢から移住してきた人が住んだ（伊勢商人は有力な江戸問屋商人）ことによるといわれ，明治16年（1883），西掘留川に改称されました。同19年には西側に曲がった部分が埋め立てられ，昭和3年（1928），関東大震災の復興事業で残りの堀も埋め立てられました。

堀江町入堀は2筋の川の右側，堀の西側沿岸が堀江町でした。明治16年（1883），東掘留川に改称，関東大震災以降部分的に埋め立てが進められ，昭和24年（1949）にすべて埋め立てられました。沿岸には周辺が海浜だった頃を思わせる小網町があり，鎮守の小網神社が祀られています。

江戸初頭の頃はこの近くまで海船が到着する海からの湊とされ，堀の沿岸を取り囲むように蔵が立ち並び，その後方には道路，その奥に店舗というように，堀・蔵・店舗が一体に設計されました。堀の北側には江戸経済の中枢，本町通りがあり，上方からの下り荷物を扱う初期からの問屋商人が軒を連ね，地域的にも直結していました。

舟入堀

舟入堀は，水運で運ばれた物資の陸揚げのための堀でした。通町筋（現 中央通り）の東側，現在首都高速1号線・6号線が南北に走る下に楓川がありました。この川は家康入国当時にあった江戸前島の東側沿岸にあたります。北は日本橋から南は京橋にかけて，この川から西の通町筋へ向けて，慶長17年（1612），9本の舟入堀が南北方向に並ぶように開かれ，江戸城築城や市街地形成に必要な石材・材木といった建築資材を陸揚げする場所になりました。

関東地方に広がる河川がつながってネットワーク化される前の時代には，石材は伊豆方面からもたらされ，材木も東海・紀伊方面から江戸に輸送されていました。東海道の沿岸を海から運ばれてきたこれらの建築資材は，櫛の歯状に並ぶ舟入堀から陸揚げされ，高積みされました。材木の場合，この地域の南に木挽町があり，そこで製材されていました（今の歌舞伎座周辺，東銀座にあたる地域です）。

しかし江戸城が完成に近づき，舟入堀の東側が埋め立てられて八町堀地域が整備されると，寛永9年（1632）までには9本の舟入堀のほぼ中間を流れ，外堀まで通じていた紅葉川と，最も南の京橋川を除いて，外堀から通町筋までの西半分が埋め立てられ，日本橋川以南の市街地が拡充しました。

材木置場としての役割は，寛永18年（1641）に発生した日本橋桶町（中央区八重洲2，京橋1・2）の火災で，舟入堀周辺に高積みしていた材木が延焼の原因となったことから，新たな材木置き場として深川の隅田川東岸が選ばれ，移転しました。こうして舟入堀はその使命を終え，元禄3年（1690）には紅葉川・京橋川以外すべて埋め立てられました。

埋め立てられてゆく舟入堀のなかで，唯一残っていた紅葉川には日本橋・京橋の間に位置していることから中橋が架けられていましたが，周辺には江戸を代表する名店が並ぶ地域となりました。しかし川は安永3年（1774），弘化2年（1845）と段階的に埋め立てが進み消滅しました。紅葉川の跡が現在の八重洲通りです。

三十間堀

三十間堀は，川幅30間（54メートル）の太い運河で，江戸前島東の海岸線沿いに，慶長17年（1612），諸大名に命じて開かせた運河です。汐留で海からこの堀に入ってさかのぼると，京橋川・八

町堀・楓川などとつながる利便性があり，現在の銀座地区や埋め立て地の築地への物資輸送に重要な役割を果たしていました。

　この堀の海側（東側）が東銀座になり，北側の舟入堀が材木置場，こちらは製材の木挽町とされました。堀は太平洋戦争後の昭和27年（1952），戦災の残土処理のため埋め立てられました。

（2）　小名木川の開削

小名木川開削の目的

　現在も江東区を東西に流れる小名木川は，徳川家康が江戸に入府して間もない時期に，江戸城に隣接する地域の道三堀や日本橋川につながる運河として開かれました。『日本分国図』（正保国絵図写）の，海浜部に記された「浅草川」が隅田川，右端の「利根川」が江戸川で，江戸川が江戸初期までの利根川の本流でした。その両者の間を蛇行しながら流れているのが中川で，3本もの川が海に注いでおり，これらをつなぐ水路（運河）として小名木川が開かれました。（図2-3-3）。

　19世紀に江戸幕府が編纂した『（江戸）町方書上』『御府内備考』などには，家康の言葉として，武田信玄が小田原の北条氏によって「塩留め」（塩の輸送の妨害）に遭い難渋したというエピソードを引き合いに，軍事的な意味からも塩の確保が急務で，行徳から塩を江戸へ運ぶために，小名木川の開削を決意したと記しています。

図2-3-3　『日本分国図』
　　　　（正保国絵図写，正保年間（1645〜48），国立公文書館 所蔵）

第2章　川―河川・運河・河岸　61

　新しい城下町である江戸にとって，塩の確保が必要だったことは言うまでもありません。しかし，その後の関東地方での河川体系の整備・確立（利根川東遷事業など）へと続く歴史を考慮に入れれば，「行徳の塩」は関東で産出・製造される特産品の一例にすぎません。小名木川の開削は，幕府成立以前の徳川氏にとっての支配領域であった関東一円から，年貢米を始め特産品等が江戸へ搬送されるための運河として開削されたと考えるべきでしょう。

　開削当時，沿岸は西の隅田川と東の中川に挟まれた入り江で（東西端は，それぞれの川の沿岸に長年にわたり堆積してきた土砂で南へと「半島状」に砂州がありました），小名木川の中程は埋め残す形で川を作っていったと考えられます。たとえ臨海の地であったとしても，天候によっては遭難の可能性もある海よりも，「確実に安全に，人や物を運ぶ」手段として，川の開削が求められました。ここで見落としてはならないのは，江戸湾が遠浅の海だったことです。干潮時には島や砂州状の土地が現れるような海だったことが，土地の埋め立てやこうした川の開削を可能にしました。

　取り急ぎ，江戸に近接する房総方面からの物資を搬送することから開かれた小名木川でしたが，東側の現江戸川区にも臨海部に新川（船堀川）が開削され江戸川へとつながっていました。

　行徳は江戸川（当初は利根川）河口から少しさかのぼった所に位置する川の良港でした。塩の産地にとどまらず，江戸と関東を結ぶ川のステーションとして機能していました。こうした川の湊が開かれて，そこで江戸向けに船を仕立て直して江戸川～新川（船堀川）～中川～小名木川～隅田川～日本橋川といったルートが想定されていたと考えられます。

小名木川開削時の地形と水路

　隅田川と（旧）中川の間に位置する現在の江東区ですが，小名木川開削当時はどのような状況だったのでしょうか。

　江東区で最も古い歴史があるのは，小名木川より北，区の北東部にあたる亀戸です。墨田区と江東区の境を流れる北十間川が，おおむね古代からの海岸線と考えられ，その沿岸に亀津村（のちの亀戸）が開かれました。

　平安末期に現在の葛飾・江戸川・墨田・江東の一部を支配していた葛西氏が，所領からの作物を伊勢神宮に寄進して成立した葛西御厨33カ村の中にも「亀津村」として記載されています。葛西御厨は，中川流域に開かれた地域で，亀津村は海から中川への入口にあたっていました。

　葛西氏の本家にあたる豊島氏は石神井川流域を支配し，都との結びつきを強めつつ，川の流域を支配することで経済的発展を期待するという手法を取りましたが，葛西氏も中川流域に勢力を伸ばしていきました。亀津村は海と中川および葛西氏の領地を結ぶ重要な位置にあったといえます。

　その南には遠浅の海が広がり，いくつかの島があり，柳島・大島・沖ノ島などの字名が残っています。家康入国の頃には自然の土砂の堆積や拡大が見られ，小名木川周辺が海岸線となっていました。

　この『日本分国図』（正保国絵図写）は正保年間（1645～48）の図ですが，小名木川がやがて関東一円の水路とつながっていくことをうかがわせています。

（3）　深川の地形と深川番所の設置

17世紀の深川の地形と水路

　徳川家康が入国してから約半世紀あまりを経た頃の江東地域は，17世紀中頃の江東地域の様子を

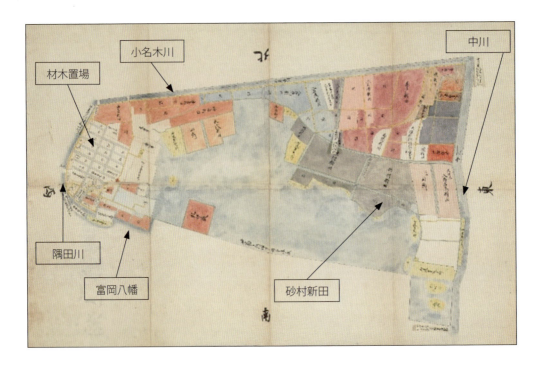

図 2-3-4 『深川総画図』(17 世紀中期，江東区深川江戸資料館 所蔵)

示した『深川総画図』によく表されています。図の左手（西）隅田川沿岸の「半島」には碁盤の目状に水路が張り巡らされた材木置場が見られ，その東には入り江が広がっていました。右手（東）の中川沿岸の「半島」の海浜部には，新たに開かれた砂村新田がみられます（図 2-3-4）。

　前述のように，西端の隅田川と東端の（旧）中川沿岸は上流から運ばれてきた土砂で半島状の陸地がありましたが，現江東区の中央部は北へと入り江が入り込み，また陸地化していた北部にも沼地や池が多かったと考えられます。

　そこで，江戸城に物資を運ぶ水路を開くために，日本橋川や道三堀を利用できることも含めて，おおむね海岸線にあたる小名木川沿岸付近が好適な場所と考えられました。

　隅田川に近い西部の深川方面には，摂津国（大阪府・兵庫県）から下って来た深川八郎右衛門を中心に，小名木川の北側隅田川に近い辺りに，深川村が開かれていました。村の成立は慶長元年（1596）といわれています。さらにその南の隅田川沿岸に広がる半島状の陸地には，寛永 6 年（1629）深川猟師町が開かれましたが，ほどなく寛永 18 年（1641）には日本橋材木町から材木置場が移転してきて，貯木と搬送のための掘割が縦横に開かれました。

　材木は水に沈めておけば燃えない（火災による延焼の原因にはならない），搬送の際は筏に組んで水路で運ぶことから，碁盤の目状に掘割が開削されました。これが，後年深川が「蔵の町」としての役割を担う大きな要因となりました。その範囲は，西は隅田川，東は現 清澄通り，北は現 仙台堀川で南は永代橋付近までの広大な地域でした。

　「半島」の東側にあった永代島には寛永 4 年（1627）富岡八幡宮と別当永代寺が創建されました。将軍家の武運長久を祈願するという名目で，広大な境内地が与えられ，のちに江戸最大の門前町が作られ，江戸の盛り場へと成長しました。

第2章　川―河川・運河・河岸　　**63**

　小名木川は，東西両端の半島状の土地を除いて，入り江の中に開かれた運河で，川と想定された流れの北側を埋め立てて，南岸部には護岸（当初は簡素な造りだったと思われます）を作り，南に広がる海へと次第に埋め立て・整備されていったと考えられます。

　幕府は，江戸市中のゴミを回収した者が，川に回収したゴミを投棄して，船の通航に支障があるとのことから，明暦元年（1655）ゴミの投棄場所を永代島と指定しました。永代寺・富岡八幡宮が造営されている場所で，この周辺から指定された投棄場所が洲崎，砂村新田と，海岸線を東へと移っていきました。まさにゴミが埋め立ての資源として利用され，状況に応じて場所を変えていったことがうかがえます。

深川番所の設置

　江戸時代には，峠や河川の渡し場などに関所が設けられていました。関所では，鉄砲などの武器，女性・けが人・囚人の通行といった治安維持，搬送する荷物の検査といった物資の統制を行っていました。陸上交通での五街道や脇往還の関所が有名ですが，中川番所のような川船の関所を加えると，江戸中期の延享2年（1745）には全国で53カ所を数えました（中川番所の役割は第3章の「3-5　中川番所と小名木川の通行」参照）。

　江戸を取りまく水運の取り締まりを行う関所・番所としては，寛永8年（1631）に設けられた関宿関所（千葉県関宿町）が最初です。ここで，旅人や船の積み荷の検査にあたりました。三浦半島には享保5年（1720）に浦賀番所が設けられ，海上交通の関所として，上方から江戸へ入る生活物資の検査や江戸湾防備などの役割を担っていました。

　深川番所とは，江戸に隣接する河川交通の番所で，「深川口人改之御番所」と呼ばれていました。

　深川番所は，この先が江戸城下という地点として，隅田川を眼前に控えた小名木川西端の萬年橋（現存，別名 元番所の橋）の北側に置かれました。設置の年代は不詳ですが，正保4年（1647）9月，水野忠保・高木正則・山口直賢（堅）・山崎重政の4名の旗本（いずれも1,000石以上）が番所の長官にあたる「深川番」に任命されています。

　この頃，小名木川南岸には川に沿って海辺大工町という町が成立していました。海浜に近い船大工が多い町という意味の町名ですが，江戸湊に運ばれてきた物資を引き受けて，江戸の各河岸へと配送する船稼ぎの町で，積み荷を小舟に積み替えるなどの役割を担っていました。こうした動きも，番所設置の場所決定に影響したことでしょう。

　ただし，江戸初期の頃は，小名木川の南岸には入り江が奥まで入り込み，土地も限られていました。やがて，利根川を中心とする関東一円の川筋，奥川筋が形成されると，この地域が川によってもたらされた関東産の米・材木・特産品等の集積と江戸市中への搬送を担っていくようになりました。

（4）　江戸下町の運河のネットワーク

深川の木場の移転

　元禄末期，隅田川を隔てた深川において，隅田川沿岸の深川の「半島状の土地」にあった材木置き場の移転が計画されました。その原因は，隅田川河口部にあたるこの地が，対岸の霊巌島・八町堀・築地方面と呼応するように物資集積の「蔵の町」としての機能の拡充が一層期待されたことによっています。

利根川を親骨のようにして形成された関東一円の水体系（奥川筋）が完成し，上方方面からの海船と関東各地からの川船の双方の物資が集積する場所として，隅田川河口部は「江戸の蔵」として位置づけられました。

しかし江戸に不可欠な材木置き場を遠隔地に移動させることはできないので，「半島状の土地」の東側の入り江を埋め立てて，貯木・搬送のための堀を縦横に張り巡らせ材木置き場を移転させました。元禄14年（1701），深川木場の誕生です。元禄11年（1698）の永代橋の架橋の頃から，計画が進められたと考えられます。

江東地域における運河のネットワーク化

木場移転の意義は，材木置き場の移転にとどまらず，江東地域，ことに深川南部の土地が爆発的に拡大したことです。これにより，元の貯木場に作られた貯木や搬送のための堀が東に延伸して仙台堀・油堀となり，その他の堀も隅田川沿岸が蔵の町に変貌する中で，土蔵が立ち並び，河岸地が沿岸に置かれる運河として生まれ変わりました。

さらに大横川・横十間川などは，もともと北から流れて南は小名木川までだったのが，この木場移転に伴う土地の造成・拡大という大開発により，小名木川の南へと延伸していきました。こうして東西に流れる竪川・小名木川に仙台堀・油堀が加わり，それに南北に流れる大横川・横十間川が交差することになりました。また隅田川沿岸の深川佐賀町を，おおむね東西方向に流れる仙台堀・中之堀・油堀を南北に流れる堀がつなぎ合わせるという景観も生まれました（現在の大島川西支川）。こうして深川の中に，運河が「線から面へ」と形成され，運河のネットワーク化が図られました。

川船で運ばれてきた物資は，小名木川東端の中川番所で検査を受け，江東地域に入れば交差・並走する運河のネットワークにより配送エリアが拡大し，この地域の物資の集積機能が格段に高められていくことになりました。

元禄15年（1702）の『改撰江戸大絵図』（図2-3-6）と天保14年（1843）の『御江戸大絵図』（（図2-3-7）を比較すると，木場移転が江戸の河川流通にもたらした画期的

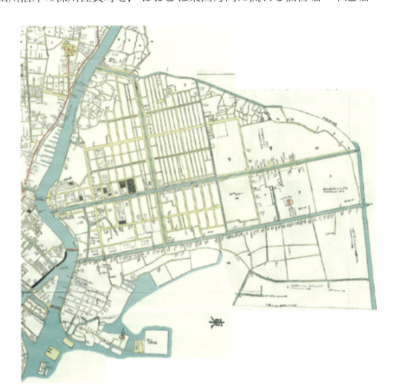

元禄15年（1702）の板行ですが，材木置場が隅田川沿岸の「半島状の土地」にある時期なので，永代橋が架かり，木場が造成される元禄14年直前の江東地域の状況が描かれています。

図2-3-6　復刻版『改撰江戸大絵図』元禄15年（1702）
　　　　　（協力：こちずライブラリ）

な変化に気づかされます。入り江の埋め立て・土地の造成→材木置き場の移転→川（運河）の延伸，という一連の流れの中で木場の移転を契機に，貯木場の移転にとどまることなく，江東地域に掘割網ともいえる運河のネットワークが生み出され，隅田川西岸部の霊巌島・八町堀・築地等の地域と一体となって蔵の町が形成されていきました。

日本橋本町や堀留川周辺にひしめく土蔵から始まった江戸の物資集積機能は，この時期格段に広がりを見せ，関東の商品生産の成果を吸収していきました。

この水運のネットワークがそのまま活かされ，近代に入り江戸が東京になると，江東地域は工場地帯へと変貌することになりました。セメント・化学肥料・精製糖・機械製粉はいずれも江東区が発祥です。原材料や商品の搬送に水運が活躍し，明治期には蒸気船も就航して北関東と結んでいました。

江戸・東京の水運は，太平洋戦争以後も続き，戦災からの復興に大いに貢献しました。

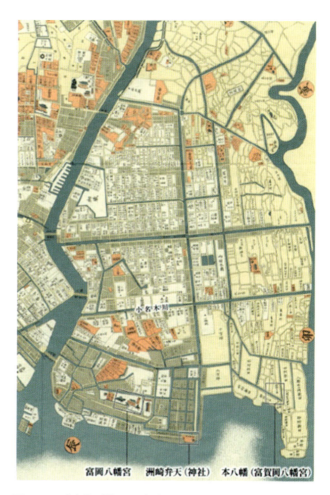

図 2-3-7　復刻版『御江戸大絵図』天保 14 年（1843）（拡大）
　　　　　（協力：こちずライブラリ）

2-4 江戸の河岸と，魚河岸の変遷

　江戸市内に張り巡らされた運河や堀は，生活物資を運ぶ輸送路でもありました。そして，運河や堀には，物資を荷揚げするための河岸ができていきました。河岸ごとに扱う物資が決まっており，日本橋の魚河岸をはじめ，大根河岸や米河岸などがありました。河岸周辺では，問屋や倉庫が整備されて，河川舟運のターミナルとしての役割を担いました。

　ここでは，①江戸の河岸の分布，②河岸の風景，③日本橋魚河岸の様子，④河岸の移転と鉄道の発達，⑤関東大震災と魚河岸の移転計画，⑥魚河岸の日本橋から築地への移転，⑦さらに築地から豊洲への移転について紹介します。

（1）　江戸の河岸の分布

物資到着地としての河岸

　海・河川や運河を使って船で運ばれてきた生活物資は，陸上に荷揚げする場所があってこそ，人々の手に行きわたります。江戸にも，全国各地や関東近郊から利根川や江戸川や隅田川などを経て，さらに内陸部の水路を利用して，米や野菜などの生活物資が運ばれました。

　はじめは1，2艘の大型船でやってきた船も，江戸市中の同じ場所に商品を納めるわけではなく，行き先は何カ所かに分かれていました。そこで，江戸市中に入る前に何艘かに荷物を分けて積み込みました。商品の納入先が細かく分かれても支障をきたさないよう，品物を受け取る場所，すなわち河岸が市中に数多く設定されました。

　河岸地には船を係留する船着場や，荷揚げ場（物揚げ場ともいう）があり，荷物を扱う河岸問屋や船問屋がありました。河岸問屋は，荷揚げや荷積み，荷物の保管を行い，手数料（口銭）をとっていました。

　魚の日本橋，米の蔵前，野菜の神田，酒の新川などのように，周辺の問屋商人が扱っている商品に対応して，特定の商品を扱う河岸が作られました。

　河岸地は天明3年（1783）の規定によれば「町々地先河岸地面ハ，全テ公儀地面ノトコロ，無断使用スルモノ多シ」（『東京市史稿 産業篇』第28-456「河岸地面使用願提出令」）とあり，公共の共有地に近い河岸地は公儀（幕府）のものであるにも関わらず，無断で使用している者がある，といった指摘があります。河岸地は公儀のものなのだから使用する者は許可を得なければならず，利用についての冥加金等を上納することがありました。

　しかし『（江戸）町方書上』の深川町々の記述の中で，河岸地について「元地同様御買請地ニ付」（町となっている土地・地面と同様に町人が買い受けた土地なので），冥加銀は納めない，といった記述が見られます（深川嶋田町・深川入船町ほか）。元禄14年（1701），木場の移転に伴って埋め立てられた地域の河岸地は，町が開かれた当初から「蔵の町」としての機能が期待され，河岸地も町屋敷の土地とセットで町人が買得して，通常の地所同様に位置づけられて河岸地としての利用が維持されていたという推測も成り立ちます。

　深川一帯が物資の到着地としての河岸地となったと考えることもできます。

河岸の分布（現 中央区と現 江東区）

地域的には江戸初期からの河岸の中心は日本橋本町にも近い日本橋川沿岸の小網町周辺で，次第に市街の広がりとともに河岸も増加しました。河岸が最も集中したのは日本橋から隅田川河口部の永代橋付近で，次に日本橋から八重洲河岸方面や，隅田川東岸の本所・深川方面でした。この地域では特に隅田川沿岸の深川佐賀町周辺に集中していました。

江戸市街地が拡大するにつれて運河も増え，物資の荷揚げ・船積みなどの場である河岸が作られていきました。次に示す2つの図は，現在の中央区（図 2-4-2）と江東区（図 2-4-1）における河岸の分布状況を表しています。

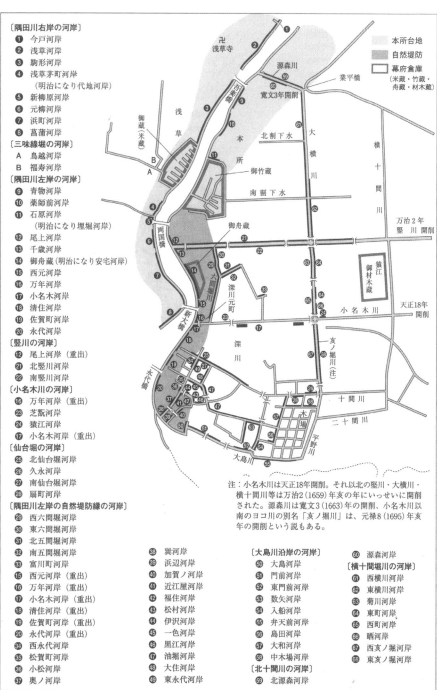

図 2-4-1　江戸下町の河岸（現 江東区）
　　　　（出典：鈴木理生『図説 江戸・東京の川と水辺の事典』柏書房（2003））

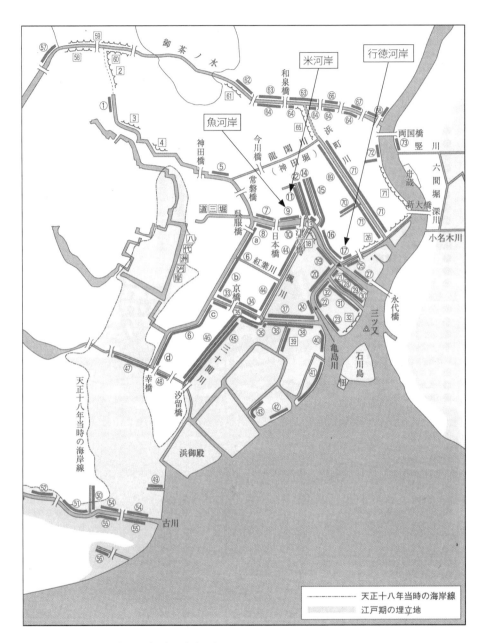

図 2-4-2 江戸湊の河岸（現 中央区）
（出典：鈴木理生『図説 江戸・東京の川と水辺の事典』柏書房（2003））

(2) 河岸の風景

　江戸の河岸について，その特色をみてみましょう。なお番号は，図 2-4-2 に対応しています。
　魚河岸（⑨）は，日本橋北東側の日本橋川の沿岸部分です。歌舞伎芝居・新吉原とならんで，「日に千両の金が動く」とよばれた河岸です。江戸初期，江戸城に魚介類を納めていた漁師が，残った魚介類を販売し始めたのが始まりといわれ，幕府から特許を得た魚問屋が集まり，「魚河岸」となりました。すでに江戸前の海や周辺の海からの魚介類を仕入れる問屋があり，流通のシステムがあったことがうかがえます。

日本橋魚市の図（図2-4-3）では，日本橋川北岸の魚市が描かれ，何軒もの魚問屋が並び，図左上に見える押し送り船で魚介類が入荷しています。

行徳河岸（⑰）は，箱崎から日本橋川に入る角にある河岸です。本行徳村（千葉県市川市）の村民が小網町3丁目の河岸地を借り受けて，日本橋～行徳間の小荷物・旅客輸送に利用されました。江戸と房総を結ぶホットラインです。

日本橋川から北西に角のように突き出した2本の堀があります。左手のL字に屈曲した堀は伊勢町堀（のちの西堀留川）で，沿岸にあった米河岸（⑪）には，米の仲買商の米蔵が建ち並んでいました。日本橋の本船町・伊勢町・小舟町・堀江町といった界隈になります。このあたりは本町通りのすぐ南にあたり，江戸初期は幕府・諸大名が米を換金するための河岸で，やがて深川の米問屋がこれに対抗するようになりました。左側の伊勢町堀は，L字に屈曲した

図2-4-3　『江戸名所図会　日本橋魚市』（長谷川雪旦 画，天保7年（1836））（東京海洋大学附属図書館 所蔵）

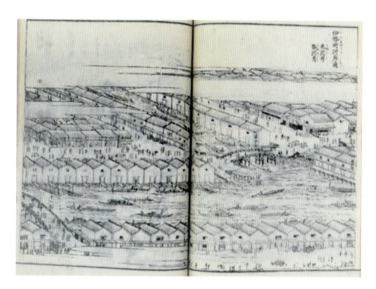

図2-4-4　『江戸名所図会　伊勢町河岸通』（長谷川雪旦 画，天保7年（1836））（東京海洋大学附属図書館 所蔵）

堀に沿って土蔵が並び，「堀（船で搬送）・土蔵（貯蔵）・道路・店舗（販売）」が一体となった地割りで機能していました。堀が屈曲することで堀が延伸し，より多くの土蔵が建ち並びました（図2-4-4）。

図2-4-2では示されていませんが，隅田川東岸の本所・深川側の河岸では，永代橋周辺で三井家が貸し蔵を建て，貸し屋敷経営を行っていました。自ら土地を持って経営できるまでには至らない中小の商人にとって，貸し蔵は魅力だったことでしょう。ここから起業していった商人もいたことでしょう。

また日本橋や周辺の茅場町などに蔵を設けて営業するまでもなく，深川でも十分に営業が可能な環境が醸成されていたことを表しています。

河岸と同様の施設に、物揚場がありますが、町屋敷に付属する荷揚場を河岸、武家地の荷揚場を物揚場と区別していました[1]。また河岸地との明確な区別はないという説もあります[2]。

河岸地に建てられた蔵は倉庫に相当しますが、御蔵(おくら)という場合は、江戸幕府や諸藩の年貢米などを収納する米蔵を指しました。蔵屋敷(くらやしき)は、大名・旗本らが領内の米や産物を保管する倉庫ないし倉庫兼住宅でした。そして河岸蔵(かしぐら)とは、河岸と蔵を組み合わせた施設でした。

日本橋川には、幾棟も河岸地に連なる白壁の土蔵がありました。このような運河に沿って見られる光景こそ、「江戸ならではの名所」だったのでしょう(図2-4-5)。

日本橋川にあった渡し場。右手の女性が立っているあたりが兜町の東京証券取引所。

図 2-4-5 『名所江戸百景 鎧の渡し』(歌川広重 画)(国立国会図書館 所蔵)

(3) 日本橋魚河岸の様子

日本橋魚河岸の誕生

天正10年(1582)に織田信長が本能寺で明智光秀に討たれたとき、徳川家康は少ない手勢とともに、堺に逗留していました。連絡を受けた家康は、落ち武者狩りに遭わないように気をつけながら、堺から陸路で伊賀を越えて伊勢方面に向かい、船で尾張に逃げ帰ったそうです。このとき、摂津の国の佃村の漁民が家康の逃散を助けたとのことです。

家康はこの恩義を忘れずにいて、江戸に移り住むときに佃村の漁民を呼び寄せ、江戸湾(東京湾)に浮かぶ小島に住まわせました。それが、現在の佃島(東京都中央区)にあたります。そして江戸近辺の漁業に従事する許しを得た漁民が、漁獲した魚の余りを小田原河岸で江戸市民に販売したことが、日本橋魚河岸の起源とされています。ちなみに、佃島で魚介類を煮て保存食としたものが佃煮の始まりと、伝えられています(図2-4-6)。

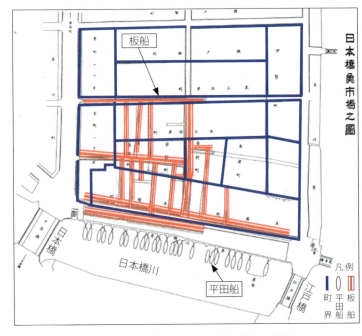

図 2-4-6 日本橋魚河岸の位置(個人 所蔵)

魚河岸の発展

江戸の人口が増加して食料の需要も増えると、魚河岸では、問屋数も増え市場も拡大していきました。

そして、魚問屋だけでは商売に限界があったので、問屋は自らの集荷権を分けることなく商売を拡大するため、請下(うけした)を置きました。請下という名称は、問屋が請人(保証人)となって小売商に魚を売ったことに由来しており、いわば仲買人であります。

平田船と板船

平田船とは、底の平たい船のことをいいます。日本橋魚河岸では、この船を固定して桟橋の役目を果たし、市場の荷揚げ設備として公有水面を占有していました(図2-4-7)。

板船(いたぶね)とは、魚を並べる台のことでした。並べた魚の鮮度保持のために、水をかけていたようです。盤台(浅くて大きな楕円形・円形の桶)の淵に3寸ばかりの板を打ち付けた形が舟に似ていたことで、名付けられたようです。

図2-4-7 日本橋魚河岸の平田船(個人 所蔵)

そして板船は「慣習により発生した市場地区内の道路占用による売場」も意味していました。問屋や仲買の鑑札を持っていても、板船権を所有または借用していなければ、営業はできませんでした。

なお板船権は業者間で売買され、1人で数百尺を所有し、自己営業以外の分を他人に賃貸して多額の収入を得ることも可能だったようです。

繁華街としての魚河岸

魚河岸は、江戸の発展とともに日本橋川沿岸に広がっていきました。先に示した江戸名所図会には、日本橋川に魚を積んだ船があり、手前の道路に向けて店が構えられ、買い物客で賑わっています。

日本橋魚河岸は、物揚場としての物流の役割を果たすとともに、現代の繁華街のような都心の原型だったようです(図2-4-8)。

その後は、河岸での商品販売が発展して、問屋も集積するようになりました。現在も日本橋とその周辺には、各種の問屋街が広がっています。そして、日本橋の手前

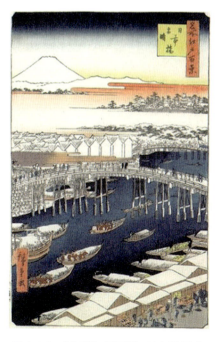

図2-4-8 『名所江戸百景 日本橋雪晴』
(歌川広重 画)(江東区中川船番所資料館 所蔵)

に魚市があり，向かいに蔵が見えます（図2-4-9，図2-4-10）。

図2-4-9　日本橋魚河岸の風景①（江戸橋より魚河岸を望む）（写真提供：中央区京橋図書館）

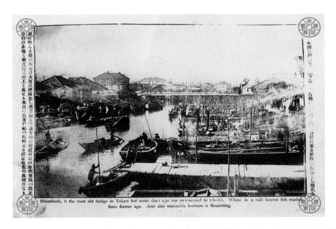

図2-4-10　日本橋魚河岸の風景②（写真提供：中央区京橋図書館）

（4）　河岸の移転と鉄道の発達

米蔵と木場の移転

　江戸幕府が開かれた直後の江戸城下の米蔵は，江戸城に近い日本橋川沿岸に集中していました。しかし江戸の人口が増えると米の需要量も増加し，日本橋周辺の蔵だけでは手狭になりました。そこで元和6年（1620）に，幕府は隅田川沿いの蔵前に米蔵を建設し，日本橋付近の米蔵を移転させます。全国各地から廻船で運ばれた米は，隅田川河口付近で舟に積み替えられてから蔵前の舟入堀で荷揚げされ蔵に保管されました。

　蔵前には，米を保管する倉庫だけでなく問屋街も形成されて，次第に江戸時代の経済の中枢になっていきました。この蔵前の米蔵は，明治以降も政府用に使用されました。

　江戸時代の木場は，家康が慶長9年（1604）に江戸城本丸建設の際，駿河・三河・紀伊から材木商人を集めたことから始まります。工事終了後には営業の免許が与えられ，日本橋や神田に店舗を構えました。明暦の大火（明暦3年（1657））以後，防災のために「深川元木場」（現在の江東区佐賀・福住付近）に移転し，さらに元禄12年（1699）には猿江（江東区猿江）に移転し，そして元禄14年

(1701) に現在の江東区木場 2 ～ 5 丁目に移転しました。

そして昭和 47 年（1972）には，防災公園を整備するために，東京湾の埋立地の新木場に移転しました。

舟から鉄道へ

明治時代になると鉄道が整備されていき，物資輸送の主役も河川舟運から鉄道に移る過程で，河岸のそばに鉄道貨物駅がつくられました。

たとえば，東北線沿線の貨物の集積のために，明治 23 年（1890）に，神田川の野菜河岸の近くに秋葉原貨物駅が設置されました。神田川沿いには，明治 23 年（1895）に八王子・新宿・飯田町（現在の飯田橋駅の近傍にあった駅）間が開通し，飯田町駅は東京のターミナル駅となりました（図2-4-11）。

隅田川には，明治 29 年（1896）に開業した隅田川駅があり，南千住駅から貨物支線で結ばれました。その主たる役割は，常磐線で運ばれる石炭や木材などを，舟運に積み替えて都心に運ぶことなので，構内には水路が引き込

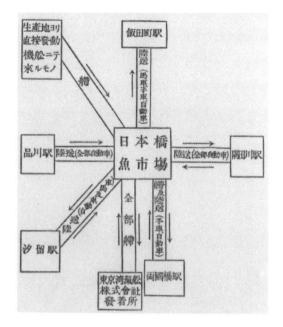

図 2-4-11　鉄道による魚市場への輸送（出典：『日本橋魚市場ニ関スル調査』東京市商工課（大正 12 年），個人 所蔵）

まれていました。現在も，東北や常磐方面のコンテナ貨物を取り扱う貨物駅として活躍しています。

小名木川には，昭和 4 年（1929）に総武線の貨物支線（亀戸・小名木川間）の小名木川貨物駅が設けられましたが，平成 12 年（2000）に廃止されました。

（5）　関東大震災と魚河岸の移転計画

魚河岸の拡大

日本橋魚河岸は，江戸後期から明治期にかけて少しずつ様相を変えていきました。日本橋魚河岸だけでは手狭になったため，江戸後期の天保 12 年（1841）に築地・深川の魚商による取引場が始まり，その後，大森市場（明治 12 年（1879））や浜町魚市場（明治 13 年（1880），現 八丁堀）が開設されました。

一方で，日本橋の魚河岸は明治 5 年（1872）に，衛生問題や悪臭の解決のために，東京府知事の命令によって壁で囲われた納屋のような建物になりました。その後，日本で初めての都市計画制度であ

る東京市区改正条例（明治21年（1888））により，市場の移転が決定されましたが，反対により実現できませんでした。

後藤新平と震災復興計画

大正時代になると，東京の都市計画にとって重要な人物である後藤新平が現れました。後藤新平は国務大臣などを歴任したあと，大正9年（1920）に東京市長になりました。市長になると「八億円計画」とも呼ばれる「新事業及其財政計画概要」という東京改造計画をつくりました。当時の国家予算15億円の半分以上であったことから「後藤の大風呂敷」と言われました。

大正12年（1923）には中央卸売市場法ができます。この法律により魚河岸の移転を検討していた同年9月に，関東大震災が起きました（図2-4-12）。すると後藤新平は「帝都復興の議」を閣議に提出し，帝都復興院総裁になります。

後藤新平が立てた震災復興計画は，公園，学校，街路，河川，市場の計画が主でした。教育に力を注ぐとともに，都市の骨格を定める街路と公園の計画があり，これらの土地を生み出す区画整理事業の

上：「帝都名所 日本橋魚河岸及び人形町馬喰方面の遠望」（絵葉書，個人 所蔵）
下：「日本橋より魚河岸 大正十二年九月一日」（絵葉書，個人 所蔵）
図2-4-12　関東大震災による日本橋魚河岸の被災前（上）と被災後の状況（下）

計画も立てたことから，極めてオーソドックスな都市計画でもありました。さらには実現しなかったものの，「帝都復興計画東京市案一般図」には埠頭の計画も盛り込まれていました。都市の物資供給に不可欠な市場，そして物資を輸送するための街路と河川は，当時の物流にとって不可欠な施設です。後藤新平も，震災復興計画において物流を強く意識していたに違いありません。

(6) 魚河岸は，日本橋から築地へ

築地という土地の履歴

明暦の大火（明暦3年（1657））以降，三十間堀より海岸寄りの地域の埋め立てが行われ，新たに築き立てた土地，すなわち築地地域が形作られ，その内部の渦巻き状の運河を総称した築地川が開かれました。

新たに江戸の臨海部となった築地には，大名の中屋敷・下屋敷が多く，この運河を利用して国元からの物資を受け入れていました。幕末には，この地に外国人居留地が置かれ，隣接する豊前（現 大分県）中津藩邸で福沢諭吉による慶應義塾が開かれるなど，文明開化の中心となりました。

明治期には、海軍大学校など海軍の施設が設けられました。

関東大震災後の卸売市場の開設

日本橋魚河岸は、大正12年（1923）に起きた関東大震災で壊滅してしまいました。そこで、芝浦の仮設市場に移転しましたが、交通が不便で狭かったこともあり、同年の12月には築地の海軍省の土地の一部を借りて暫定的に移転しました。そして、昭和10年（1935）2月に、正式に築地に東京市中央卸売市場築地本場が開設されました。

卸売市場法による卸売市場とは、「野菜・果実・魚類・肉類・花き等の生鮮食料品等のために開設される市場であって、卸売場、自動車駐車場その他の生鮮食料品等の取引及び荷捌きに必要な施設を設けて継続して開設されるもの」です。

新しい築地市場は、当時最新鋭の冷蔵庫や製氷施設を備え、河川からは、桟橋を用いて陸揚げするとともに、鉄道の引き込み線により物流の効率化が図られていました（図2-4-13、図2-4-14、図2-4-15）。

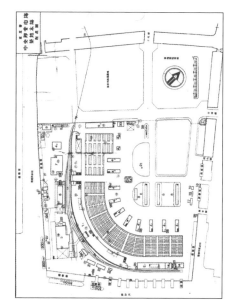

図2-4-13　築地市場の平面図（「東京市中央卸賣市場築地本場・建築圖集 昭和九年十二月 東京市役所」折込図）（個人 所蔵）

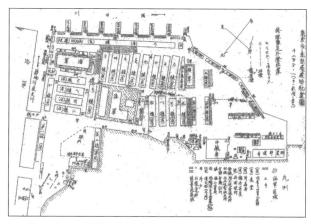

図2-4-14　「東京市魚市場建物配置図」（個人 所蔵）

図2-4-15　完成時の築地市場（「東京市中央卸売市場築地本場」（建築図集より））（個人 所蔵）

日本橋から築地へ

近代的な市場も，戦時体制の統制経済下の昭和16年（1941）からは「食料配給機関」となって，仲卸は解散させられました。戦後は進駐軍によって「モータープール（駐車場）」や「ランドリー（洗濯工場）」として接収され，完全に返還されたのは昭和31年（1956）のことでした。

このような不便を強いられるなかでも，昭和25年（1950）に水産物部に仲買人（現在の仲卸業者）制度が復活し，「生鮮食料品流通の太宗を担う『中央卸売市場』」として再出発しました。その後，最盛期（昭和62年（1987））には，水産物だけで1日3,000トン以上の取扱量となり，「都民の台所」の役目を担ってきました。

（7） 魚河岸は，築地から豊洲へ

築地から豊洲へ

築地市場は度重なる改築や用地拡張にもかかわらず，平成時代（1989〜）に入って老朽化が進み，市場機能を維持するために再整備や移転整備の議論が繰り返され，再整備工事を始めてから中止するなど迷走し続けました。

そして，魚河岸が日本橋から築地に移転して75年後の平成22年（2010）10月に，東京都は築地市場の豊洲地区への移転を，正式に表明しました。そして平成23年（2011）7月に，東京都都市計画審議会で，都市計画として決定しました。

その後，平成25年（2013）1月8日に開設時期の1年延期が発表され，さらに平成27年（2015）7月17日に開場日を平成28年（2016）11月7日としたものの，再度延期されました。そして平成30年（2018）の10月6日に築地市場が閉鎖され，10月11日に豊洲市場が開設されました（図2-4-16）。

図2-4-16　東京都中央卸売市場豊洲市場
（提供：東京都中央卸売市場）

都市の盛衰をもたらす輸送手段の変化

明治時代に鉄道が敷設されて，物資輸送に鉄道が利用されるようになると，都市も「水運都市」から「鉄道都市」へと変わっていきました。東京の場合，「水の道（河川）」と「鉄の道（鉄道）」を接続するために，河岸のそばに鉄道貨物駅がつくられました。神田川の野菜河岸に接した秋葉原貨物取扱所や隅田川に接する隅田川駅などは，代表的な例です。

一方で，河川沿いに位置し美しい蔵のある「小京都」や「小江戸」と呼ばれる街のなかには，水運から鉄道の時代に移るとき，後れを取った街も少なくありません。戦後になると，自動車の発達と道路網の整備により，貨物自動車が貨物輸送の主役になりました。地方都市においても「道路都市」が増えていきました。

第 2 章　川―河川・運河・河岸　**77**

　このように，都市の発展は交通機関の消長に大きく影響されますが，いつの時代も物資供給無くして都市が成立しないからこそ，都市における物流の重要性も変わらないのです。

【参考文献】

(1)　西山松之助 他編『江戸学事典』弘文堂（1984 年）

(2)　川名登『河岸』法政大学出版局（2007 年）

第3章　船 ― 船・舟・船番所

3-1　船の歴史と構造

　船は，河川や沿岸で漁業や輸送に使われた小型の手漕ぎの船から大洋を機械力で航行する大型船まで，目覚ましい発展を遂げてきました。

　ここでは，①海外の船の歴史，②国内の船の歴史，③船の構造，④和船の帆走性能について，紹介します。

(1) 船の歴史（海外編）

描かれた最古の船（紀元前4000年頃）

　ノルウェーの北極圏にある小さな町アルタには，今から約6000年前（紀元前4000年頃）の岩絵が発見されています。そこには網を持つ漁師と弓を持つ漁師が乗船している船が描かれています。

　描かれた人間と対比してみると，現在の小型漁船とほぼ同じ大きさです。

保存された最古の船（紀元前2500年頃）

　「太陽の船」は紀元前2550年頃のもので，太陽神ラーのもとで死後に復活するエジプトの王を運ぶ儀式の船に似ていることから「太陽の船」と呼ばれています。しかし，実際に水面に浮かべられた痕跡があり，クフ王が死亡した際にメンフィスからギーザまで死体を運ぶときに使用されたか，クフ王自身が巡礼地を訪問する際に使用されたのではないかといわれています。現存する船としては最も古いものの1つでしょう。建材としてレバノン杉が用いられていることから，少なくとも紀元前3000年頃の東地中海では，エジプトとレバノン（フェニキア）間で，レバノン杉を運ぶなどの海上交易を可能にする船が存在したことが明らかです。「太陽の船」は，カイロ郊外のギーザのピラミッドとスフィンクスの間にある太陽の船博物館で図3-1-1のように保存展示されていましたが，2021年8月6日夜から7日未明にかけて，

図3-1-1　「太陽の船」（紀元前2500年頃）
　　　　（太陽の船博物館（カイロ），著者撮影）

約 2.5 キロメートル離れた，建設中の大エジプト博物館に移送されました。

岩に彫られた船（紀元前 180 年頃）

エーゲ海のロードス島のリンドスにある古代遺跡アクロポリスには，登り口付近の岩壁に，図 3-1-2 のようにガレー船のレリーフがあります。船首には，ロードス島の将軍ヘイグサンダーの像が彫られていましたが，現在は船の前半部分が削られてしまっています。しかし，船尾部分で舵などを見ることができます。このレリーフは，ルーブル美術館にあるサモトラケのニケをつくったラピトクリトスの作とされています。

図 3-1-2　リンドスのアクロポリスのレリーフ
（紀元前 2 世紀頃，著者撮影）

初めて大西洋を越えた船（バイキング船）

ノルウェーやデンマークには，バイキングの船の実物が保存されています。このような船が，大西洋を越えて初めてアメリカ大陸に到達したのです（図 3-1-3）。

図 3-1-3 のバイキングの船はオスロのバイキング船博物館に展示されていますが，船底中央部に竜骨（キール）を持ち，外板は上下の板が重なり合うように接合された鎧張りです。甲板を持たないので，上部構造物や船室はありません。

図 3-1-3　バイキングの船（9 世紀頃）
（ヴァイキング船博物館（オスロ），著者撮影）

完成された外洋を航行する帆船（サンタマリア）

1492 年にコロンブスを乗せてヨーロッパからアメリカに到達したサンタマリアという帆船は，3 本マストで一番後ろのマストに三角帆が装備されていました。いわゆる，キャラックと呼ばれる種類の船です。この種の船によって，帆船は風上側にも航行できるようになり，航行がかなり自由に行えるようになりました。

アメリカ大陸の発見はコロンブスによるところは大きいのですが，そこには性能の良い帆船が得られたことも大きく寄与しているのです。

初めての蒸気船（ピロスカーフ）

世界で初めての蒸気船は，1783年7月15日にフランスのジュフロワダバン侯爵によって，リヨン付近のソーヌ川を15分間航行したピロスカーフでした。ピロスカーフは図3-1-4に示すようにパリ海事博物館でその模型を見ることができます。

その後，イギリスのウィリアム・サイミントンによる「シャーロット・ダンダス」，アメリカのロバート・フルトンによる「クラーモント」が現れました。や

図3-1-4　ピロスカーフ模型（18世紀）
（パリ海事博物館，著者撮影）

がて，川船から生まれた蒸気船は外洋を航行する船へと発達しました。

(2) 船の歴史（国内編）

丸木舟

日本の船も海外の船と同様に，丸木舟から発達しました。図3-1-5に示す丸木舟は最近まで使われていましたが，初期の丸木舟もこのように木を刳りぬいて作られました。

船が大型になると，一本の木を刳りぬいただけでは不十分になり，板を繋ぎ合わせた船になっていきました。

古墳時代の船は，5世紀頃の船形埴輪から当時の古代船を復元した「なみはや」で知ることができます。復元された埴輪の船を図3-1-6，図3-1-7に示します。

その後，7世紀から8世紀にかけての遣唐使船のような海外への渡航用の船が造られました。

図3-1-5　男鹿の丸木舟
（船の科学館 所蔵）

図3-1-6　古代船「なみはや」
（長門の造船歴史館 所蔵）

図3-1-7　西都原古墳の船形埴輪
（宮崎県立西都原考古博物館 所蔵）

遣唐使船

7世紀から8世紀にかけては，遣唐使船など海外渡航用の船の多くが安芸国で造られたとされています。図3-1-8に示す遣唐使船の模型は倉橋歴史民俗資料館で見ることができます。

朱印船

元和8年（1622）11月4日付けの朱印状に示された異国渡海船図から，和洋中の技術を折衷した朱印船の様子がわかります。図3-1-9は長崎歴史文化博物館にある絵図に描かれた朱印船です。

軍船（安宅船，御座船，関船）

江戸時代になると，将軍，各藩主などが軍事用，移動用，娯楽用に船を造り始めました。徳川幕府でも寛永8年（1631）徳川秀忠が向井将監に命じて安宅丸を建造しました。この船は1,700排水トンで，寛永11年（1634）夏に完成し，天和2年（1682）に解体されました。図3-1-10は東京海洋大学附属図書館に所蔵された図に描かれた安宅丸です。

ペリー来航後も幕府の命により，水戸藩では洋式軍艦の旭日丸を建造しました。約750排水トン，全長42.1メートルの堅牢な大船で，明治初期まで使われました。図3-1-11は大洗町幕末と明治の博物館に展示された模型です。

図3-1-8　遣唐使船
（倉橋歴史民俗資料館 所蔵）

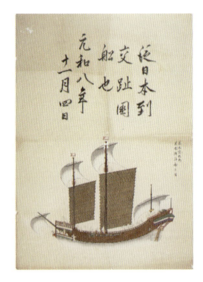

図3-1-9　『異国渡海船図』写本（朱印船）
（長崎歴史文化博物館 所蔵）

図3-1-10　御船之圖（安宅丸）
（東京海洋大学附属図書館 所蔵）

図3-1-11　旭日丸（推定模型）（大洗町 幕末と明治の博物館，著者撮影）

（3） 船の構造

　船は主として，船体に対して横断面に対する変形と長さ方向に対する変形に対抗するために，横強度と縦強度を考慮して建造されます。

西洋型船の構造

　西洋型船は外板の内側にあるフレームが，船の横断面に加わる力に対抗します。縦強度については，縦方向に配置された部材である外板（船底外板，ビルジ外板）や竜骨が受け持ちます。デッキの下には甲板ビーム，船側部にはフレーム（肋骨），船底部には横方向にフロア（肋板）

図 3-1-12　第五福竜丸の肋骨構造
（東京都立第五福竜丸展示館 所蔵，著者撮影）

があり，船として船の横断面に加わる力に対抗しています。主として外板の内側にある骨組みが船体に働く力を支えています。図 3-1-12 は第五福竜丸展示館にあり，木船の西洋型船のフレーム（肋骨）の構造を見ることができます。図 3-1-13 は鋼船の構造を示しています。

　これに対し和船は，フレームに相当する部材がなく，船体を変形させようとする力に対する主要な強度は外板で対抗しています。

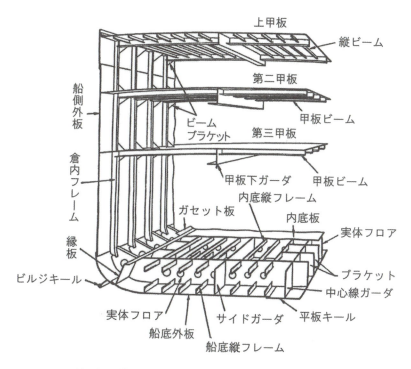

図 3-1-13　西洋型船の構造
（出典：野原威男 原著・庄司邦昭『航海造船学（2訂版）』海文堂出版（2023））

和船の構造の特徴

　和船は船底に航(かわら)を配置し，外板にあたる部分は根棚，中棚，上棚によって構成されています。補強部材としては横方向に下船梁，中船梁，上船梁を取り付け，船体形状を保持します。図 3-1-14 に和船の構造を示します。弁才船は，日本の沿岸で貨物輸送に使用された和船です。和船の主な部材について表 3-1-1 に説明します。また西洋型船と和船の部材の名称についての比較を表 3-1-2 に示します。

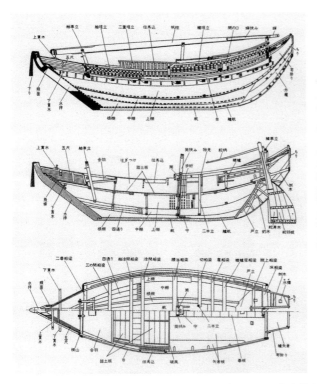
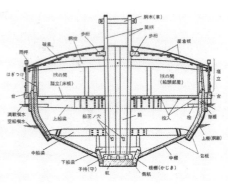

図 3-1-14　弁才船の構造
(出典：石井謙治『江戸海運と弁財船（海の歴史選書 2）』日本海事広報協会（1988）)

表 3-1-1　和船の部材の説明

航（かわら）	船首から船尾まで通す平らな船底材 西洋型帆船の角型竜骨に対し平竜骨
根棚（かじき）	航の両側に取り付ける最下部の棚板
中棚（なかだな）	根棚の両側に大きく開いて取り付ける幅広い船底材
上棚（うわだな）	中棚の両側にほぼ垂直に取り付ける舷側板

表 3-1-2　和船と西洋型船の部材名称の比較

	和船	西洋型船
船底	航（かわら）	竜骨（キール）
外板	根棚，中棚，上棚	船底外板，ビルジ外板，船側外板
ビーム	下船梁，中船梁，上船梁	フロア，甲板間ビーム，甲板ビーム

（4） 和船の帆走性能

和船の速力

　和船の性能については当時の航海記録などからその性能はおおよそ知ることができますが，復元された菱垣廻船の浪華丸によって実船実験が行われました。浪華丸の建造中の様子を図3-1-15に，実験航海中の様子を図3-1-16に示します。

図3-1-15　浪華丸の船体構造（建造中）
　　　　　（日立造船 堺工場，著者撮影）

図3-1-16　詰め開き（風上に最大限向かい）
　　　　　帆走中の浪華丸（出典：日本船舶
　　　　　海洋工学会デジタル造船資料館）

　帆船の風向に対する性能を調べた結果，おおよそ，船速は風速の1/2，切り上り角（風上方向0度に対し何度まで船首を向けて進むことができるかを示す角度）は60度，最大船速が出る風向は船首を0度として100度，などがわかりました。実験結果を図3-1-17，図3-1-18に示します。

　また，初代の日本丸，海王丸の航海記録から，船の船速とビューフォートスケールが一致していることがわかります。つまり船速3ノットのときの風速はビューフォート3，船速6ノットのときの風速はビューフォート6近くになっていることが図3-1-19からわかります。

　ビューフォートスケール（ビューフォート数）は、帆船の速力に対応して決められたともいわれています。例えば帆船が5ノットの速力を出すときの風速をビューフォート5としたということです。

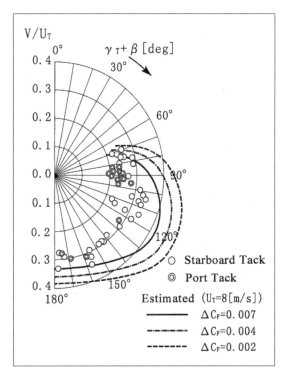

図3-1-17　ポーラー線図（浪華丸の帆走性能）
（出典：野本謙作・増山豊・桜井晃「復元菱垣廻船「浪華丸」の帆走性能」関西造船協会誌 第234号（2000））

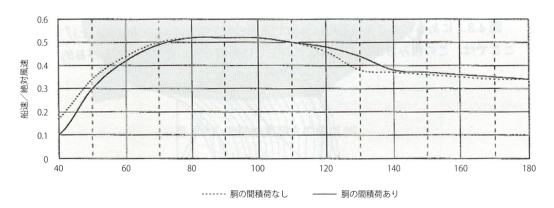

図 3-1-18 浪華丸の船速と風向の関係
(出典：小嶋良一「菱垣廻船の復元考証に基づく弁才船の構造と性能に関する研究」横浜国立大学学位論文(2003年))

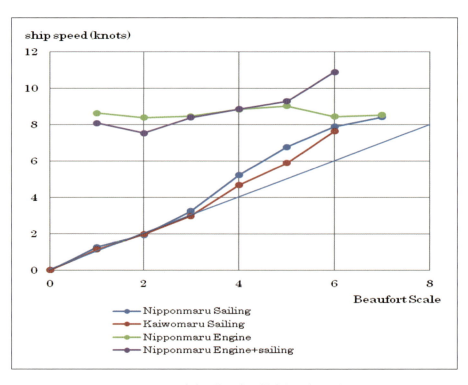

図 3-1-19 日本丸・海王丸の船速と風速の関係

帆船の実習

帆船における実習は東京商船大学（現 東京海洋大学）の前身の三菱商船学校が創立して以来，行われてきましたが，その後，明治丸，月島丸，大成丸，日本丸，海王丸などにより引き継がれてきました。現在でも自然の力を体験し操船の技術を身に付ける最良の教材として帆船による実習が行われています。

東京海洋大学では，小型帆船のカッターによる実習も行われてきました。明治丸，日本丸，海王丸，カッターについて，図 3-1-20 ～図 3-1-23 に示します。

図 3-1-20　明治丸（東京海洋大学，著者撮影）

図 3-1-21　日本丸（横浜市，著者撮影）

図 3-1-22　海王丸（射水市，著者撮影）

図 3-1-23　カッターによる帆走実習
　　　　　（東京海洋大学，著者撮影）

3-2　江戸の海運を支えた船（菱垣廻船・樽廻船と小型船）

　江戸の発展には，物資輸送が欠かせませんでした。その理由は，江戸近郊だけでは，江戸に住む多くの人々を養うだけの物資供給は不十分だったからです。このため，大坂（現在の大阪）をはじめ全国から，生活物資を含め多くの物資が，菱垣廻船・樽廻船などの弁才船を利用して江戸に長距離輸送されました。また，関東地方の河川を利用した江戸への物資輸送や，江戸市中での物資輸送のために，小型船が用いられました。

　ここでは，①江戸湊と江戸海運，②長距離輸送を担った弁才船の特徴を示し，③大坂と江戸を結ぶ廻船航路で活躍した菱垣廻船と，④樽廻船，⑤江戸湊や河川で活躍した小型船について紹介します。

(1)　江戸湊と江戸海運

江戸湊の誕生

　江戸湾には，鎌倉時代から発展した隅田川河口流域の石浜湊や目黒川河口に形成された品川湊など，徳川家康が江戸に入府する以前からいくつかの湊がありました。

　12世紀頃，江戸館が後年の江戸城（現在の皇居）あたりに造られると，平川が注ぎ込む日比谷入江に江戸湊が形成されました。その後，太田道灌が康正2年（1456）から長禄元年（1457）にかけて江戸城を築城すると，江戸湊は日常物資を中心に交易も盛んに行われ，大変賑わいました（図3-2-1）。

　天正18年（1590）入府した家康は，水運による江戸への物流のルートを確保するために，道三堀を開削し，日比谷入江に流れ込んでいた平川を道三堀に付け替えて日本橋川としました。慶長8年（1603）に江戸幕府が開府すると，本格的な都市づくりを進めるため天下普請が行われ，江戸城の近隣まで入り込んでいた日比谷入江を埋め立て，武家地が造成されました。

弁才船が列を成し上って来る江戸湊

図3-2-1　『江戸一目図屏風』（津山郷土博物館 所蔵）

さらに江戸前島東岸に10本の櫛型の舟入堀を造成し，江戸城の築城等に利用される木材や，石材の荷揚げなどに使用しました。

家康は単に埋め立てを行うのみではなく，運河を開削し江戸の物資輸送に水運を巧みに利用しました。そのために運河や河川沿いには多くの河岸や蔵・荷上場が増設され，江戸発展を支える日常生活物資などが大阪をはじめ各地から運び込まれて，江戸湊も発展・繁栄しました。

海運による江戸への物資輸送

全国各地の藩（地方領国）などから大坂や江戸への物資輸送には，海運が重責を担うところとなりました。輸送物資は，米・木綿・酒・木材・肥料などのほか，日常生活物資の全てにわたっていました。

江戸時代の流通と産業の発達は，各地で多くの都市を繁栄させました。なかでも，三都とよばれた江戸と大坂と京都は，幕府の直轄地であり大いに賑わいました。

江戸は，政治の中心地「将軍のおひざもと」といわれ，徳川幕府の将軍をはじめ多くの武士が住んでいました。さらに，その武士の生活を支えるために多くの商人や職人なども集まり，18世紀のはじめには，百万人が暮らす大都市となっていました。

大坂は，商業の中心地「天下の台所」とよばれ，西日本をはじめ全国の物資が出入りする大商業都市でした。多くの藩はここに蔵屋敷をおき，年貢米や特産物を送って，換金していました。

江戸と大坂の二大都市の間を，定期的に行き来していたのが多くの菱垣廻船や樽廻船で，大坂がこれらの船で賑わう様子は「出船千艘，入船千艘」と例えられています。

また幕府直轄領の年貢米を輸送するために開設された東廻り航路や西廻り航路も開かれるなど，一大海運網が整備されると全国各地から大阪にそして江戸に，様々な物資の輸送が盛んに行われました。

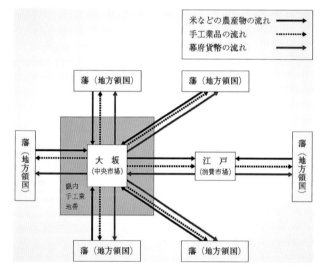

図3-2-2　江戸時代前期の商品流通構造
（出典：速水融・宮本又郎 編『経済社会の成立（日本経済史1）』岩波書店（1988））

(2)　弁才船

弁才船の誕生

弁才船は，16世紀初期に瀬戸内海の輸送船の一形式として誕生しました。当時大型船として伊勢船・二形船・北国船などが使われていたのに対し，弁才船は使いやすい中小型輸送船として次第に重用されていきました。

やがて徳川幕府によって幕藩体制が整備され，商品流通が盛んになると，弁才船は海運の経済性向

上を計って、櫓走用の水主（乗組員）を少なくした帆走専用船に発達しました。

弁才船の普及

商品経済の発展に対応して、船体・帆走・航海技術の向上に努めた結果、多少の荒天や逆風にもめげず、連日連夜の航海を可能にして所要航海日数の短縮化が図られました。こうした弁才船の性能と実用性の向上が、荷主・船主・乗組員の三者から歓迎され、18世紀以降は全国的に普及していきました。

この一方で、様々な地方型や派生型が登場しました。北海道と大坂を結んだ日本海の買積船としての北前船は、地方型の代表です。大坂から江戸に日用雑貨を運んだ菱垣廻船や酒を運んだ樽廻船は派生型の代表です。

弁才船は、幹線航路では1,000石積み（載貨重量で150トン）の大型船が多数就航し、建造も全国各地で行われるまでになりました。そのため大型船といえば1,000石積級の弁才船が代表的存在となり、いつか本来の弁才船の代わりに千石船の俗称で呼ばれるようになりました。

内航船としての弁才船

弁才船はもともと内航用の船舶として造られただけに、外航船として使えるような耐航性などは持ち合わせていませんでした。

そのため、江戸前期までの航海では、良い日和を待って早朝出帆し、夕方には最寄り

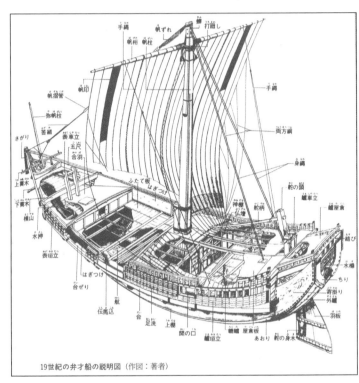

図3-2-3　1,000石積級上方型弁才船（19世紀中期）
（出典：石井謙治『和船』法政大学出版局（1995））

の寄港地に停泊して夜間航海を避け、停泊を重ねながら目的地へと航海を続けました。たとえば大坂～江戸間の所要日数は、17世紀末期でも早くて10日で、大半は20日から40日、平均30日程もかかるのが普通でした。

しかし、18世紀後期から19世紀になると、航海日数は20日以内で走破し、速いものは6日弱で、平均航海日数はわずか12日までに短縮されています。

こうした弁才船の高速化に貢献したものに、菱垣廻船の年中行事である新綿番船と、樽廻船の新酒番船があります。ともに年の最初に生産された綿や酒を競走して江戸に運ぶレースで、寛政2年（1790）の新酒番船の一着は、西宮・江戸間を58時間で航海し、平均速力6.6ノットのスピードを出しています。また、新綿番船には安政6年（1859）に大坂からゴールの浦賀までを50時間、平均7

ノットの記録があります。

これらのことが大量の荷物を積載しての実用航海であったため，番線行事以外の航海や帆走技術の向上に与えた影響は多大なものがありました。

図 3-2-4　菱垣新綿番船川口出帆之図（船の科学館 所蔵）

弁才船と航海の進化

江戸中期以降の商品経済の一層の発展に対応するために，弁才船は，漕帆兼用船から帆走専用船に脱皮し，漕櫓用の乗組員を不用にして経済性を高めていきました。1本の帆柱に1枚の大きな帆の弁才船は順風しか走れないといわれていますが，さにあらず同じ帆装形式の西欧船より逆風帆走性能は優れ，しかも帆の操作は帆柱に登らず，船上で操作できました。このため，長時間の逆風帆走も可能になりました。

さらに，船頭以下乗組員は航海技術の向上で沖乗り夜間航海を日常的に行うようになり，連日連夜の航海を続けて日和待ちを最小限に留めることで，航海日数を大幅に短縮させることができました。

これによって大坂～江戸間に多数就航していた菱垣廻船や樽廻船は，1隻の年間往復回数が8回前後と稼働率を2倍近くに上げ，さらに幕末期には1,800～2,000石積の大型船を主用し，海運経済の向上を実現させました。

なお，大坂を出帆した廻船は，浦賀船番所を経て佃島か高輪沖に停泊し，そこからは瀬取船や伝馬船などに積み替えられ，河川や運河に整備された各種の蔵や河岸に運ばれ荷揚げされました。

図 3-2-5　順風・逆風帆走する弁才船
（石川県志賀町教育委員会 写真所蔵）

(3) 菱垣廻船

菱垣廻船の誕生

菱垣廻船は，菱垣廻船問屋が仕立てた弁才船です。木綿・油・酒・酢・醤油・紙など，江戸で必要とする日常生活物資を輸送していました。菱垣の名称は舷側の垣立部分の筋を菱組の格子に組んだの

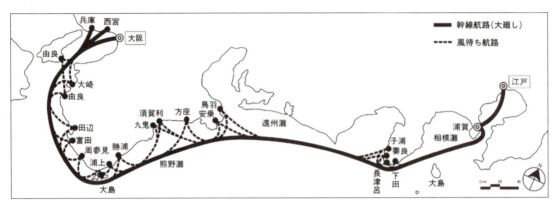

図 3-2-6　上方・江戸間（700キロメートル）の菱垣・樽廻船航路図（出典：西宮市立郷土資料館）

に由来するもので，それは幕府をはじめ領主御用荷物も扱えるという特権を表すものでもありました。

元和5年(1619)に泉州堺の商人が紀州富田浦の250石積弁才船を借り受け，大坂から江戸への日常生活物資を輸送したのが菱垣廻船の始まりといわれています。寛永元年(1624)には大坂北浜の泉屋が江戸積問屋を開業し，さらに毛馬屋・富田屋・大津屋・顕屋・塩屋の5軒が同じく江戸積問屋を始めるに至り，ここに大坂における菱垣廻船問屋（廻船仕立業務と荷主からの運賃集金事務を行う海上運送業者）が成立し，菱垣廻船が大坂〜江戸間の海運の主力となりました。

江戸十組問屋の誕生

大坂〜江戸間の商品流通が増大するに及んで，元禄7年（1694）に大坂屋の呼びかけで，江戸の菱垣廻船積合荷主が協議して江戸十組問屋が結成され，廻船は江戸十組問屋の共同所有となりました。

さらに，十組問屋は菱垣廻船問屋運営の管理機関と

図 3-2-7　菱垣廻船（岡山県指定重要有形民俗文化財「廻船・尻海古景の図」（岡山県瀬戸内市・若宮八幡宮所有））

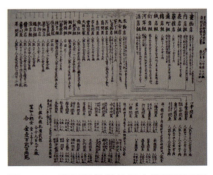

図 3-2-8　菱垣廻船積仲間十組諸問屋組銘并人数書（船の科学館 所蔵）

なって，難破船の海難処理にあたると同時に四つの極印元を設けて，新造菱垣廻船の船名を確認し船足（積載量の制限を示す喫水線）や船具に極印を打ち，江戸入津の際にはこの極印を検査しました。

(4) 樽廻船

樽廻船の誕生

享保 15 年（1730）に十組問屋のなかの酒問屋が十組問屋仲間から脱退して，酒造仲間が中心となって酒荷専用の樽廻船を独自に運航させることになりました。

その背景として，第 1 は，元来酒は腐敗しやすく，輸送に迅速性が要求されていましたが，菱垣廻船で酒以外の色々な荷物と混載されることで，集荷から積荷して出帆するまでの荷役作業にかなりの日数を要したことでした。

第 2 は，酒荷は下積荷物で，菱垣廻船での混載では海難に際して船足を軽くするために上荷から捨荷されたため，酒荷は残りながら海難によって生ずる荷主間での共同海損（海難による損害を共同で負担すること）に応じなければなりませんでした。

第 3 に，酒荷は酒造仲間の送り荷（委託貨物）で，菱垣廻船の積荷は十組問屋の仕入れ荷物（注文荷物）であり，海難に際しての送り荷では荷主の酒造仲間に責があるなど，共同補償組織である十組問屋に酒問屋が入っているのが元々不自然でした。

樽廻船の発展

樽廻船は，集荷から船の仕立てまでの日数が雑多な商品の混載である菱垣廻船に比べると，荷役日数を短縮することができました。しかも酒荷は下積み荷物であるため，余積みとして本来菱垣廻船に積む上積み荷物を低運賃で運べたので，この余積みをめぐって菱垣廻船と紛争が絶えませんでした。

そのため明和 7 年（1770），菱垣・樽両廻船の間で，酒荷は樽廻船の一方積み，米・糖・藍玉・灘目素麺・酢・醤油・阿波蝋燭の 7 品は両積み，それ以外の商品は菱垣廻船の一方積みとする積荷協定が締結されました。

しかし天保 12 年（1842），株仲間の解散によって菱垣廻船の特権が失効し，積荷は菱垣・樽廻船のどちらにでも積み込むことが可能となりました。これを機に，樽廻船は菱垣廻船を完全に圧倒していきました。

樽廻船の特徴

創業期（享保 15 年（1730）ごろ）の樽廻船は 500 石〜1,000 石積みでしたが，18 世紀末には 1,200 石積前後，19 世紀中期には 1,800 石積前後を主用するほど大型化しました（図 3-2-9）。

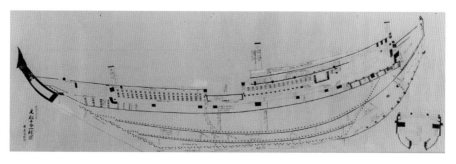

図 3-2-9　元船十分一絵図（安政 6 年（1859））（神戸大学海事博物館 所蔵）

これは，下り酒需要の増大に対応する廻船運営の効率化に対応して，弁才船の性能と経済性の向上が図られたからです。

このとき，下荷積みの酒樽の積載効率向上を図って船倉船梁の前後間隔を酒樽の寸法基準に改めるなどの改良を加えたものの，外観からは全く変化を見ることは出来ませんでした。

（5） 江戸湊の小型船（五大力船，押送船，瀬取船，荷足舟，猪牙舟）

五大力船（ごだいりきぶね）

江戸を中心とした関東地域の小廻し海運に広く使用された廻船で，武蔵・相模・安房・上総・伊豆などの比較的近距離の日常物資の輸送に従事した，100石ないし300石の荷船（貨物船）です。

本来は海船ですが，ある程度まで河川を上り江戸市中の河岸にも直接入出港するため，水深の浅い河川では，棹をおして走行するため，舷側に長い棹走りを設けています。このように，海から河岸に直接入れることから，積み替えが不要で，米穀，干鰯（ほしか），薪炭などの輸送に使用されました。

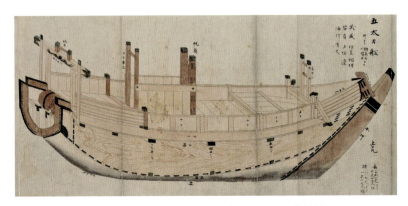

図 3-2-10　五大力船（出典：『船鑑』船の科学館）

押送船（おしおくりぶね）

帆走・漕走併用の小型の高速船で，細長い船首が特徴です。通常は艪（ろ）を使って漕走したため，漕走を重視した航法に由来して押送船となったようです。

関東では，房総沖の鮮魚を江戸の魚河岸へ輸送するために，高速の押送船が使用されました。

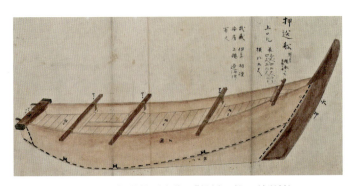

図 3-2-11　押送船（出典：『船鑑』船の科学館）

瀬取船
せとりぶね

湊の沖に停泊した廻船から積荷を積み替え河岸などへ運ぶ船です。江戸や大坂などでは，大型廻船の入港する湊において使用されていました。船の大きさは，各湊の水深に合わせて異なり，船型も一定していなかったようです。

図 3-2-12　瀬取船（出典：『船鑑』船の科学館）

荷足舟
にたりぶね

関東の河川や江戸湊において，荷物を運送した小船のことです。船の大きさは，猪牙舟と同程度ですが，幅が広く荷を積むのに適した船型となっています。

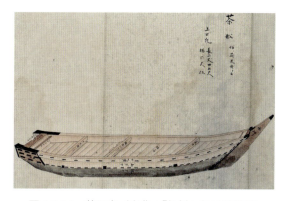

図 3-2-13　荷足舟（出典：『船鑑』船の科学館）

猪牙舟
ちょきぶね

猪の牙のように，舳先が細長く尖った小型の船です。江戸市中の河川で使われていましたが，浅草山谷の吉原遊廓への往来に使ったため，山谷舟とも呼ばれたようです。長さが約30尺，幅4尺6寸と細長く，櫓で漕ぐ際左右に揺れやすいことが難点でした。しかしその分，推進力が十分に発揮されて速度が速く，狭い河川でも動きやすかったようです。

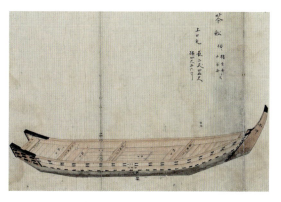

図 3-2-14　猪牙舟（出典：『船鑑』船の科学館）

【参考文献】

(1)　石井謙治『図説 和船史話』至誠堂（1983 年）

(2)　石井謙治『和船 I・II』法政大学出版局（1995 年）

(3)　国史大辞典編集委員会 編『国史大辞典 第 5 巻』吉川弘文館（1985 年）

(4)　丸山雍成・小風秀雅・中村尚史 編『日本交通史辞典』吉川弘文館（2003 年）

(5)　『日本国語大辞典 精選版』小学館（2006 年）

3-3　廻船建造都市の誕生と変遷

　江戸時代初期に廻船航路開発が行われることで，廻船の需要が高まり，全国各地に廻船を建造する都市が発達しました。このような都市を，廻船建造都市と名付けたいと思います[1]。

　ここでは，①廻船建造都市の成立条件と，②三重県の大湊（伊勢）の発展の経緯と衰退について紹介します。

(1)　廻船建造都市の誕生と成立条件

水運の発達と港湾都市

　8世紀中頃（奈良時代）に荘園が発達し，10世紀中頃（平安時代）には，各地に多くの荘園が設けられました。これにともない，各地の荘園と荘園領主が居住する畿内の間で，物資輸送が盛んになりました。特に，河川水運や沿岸域での海運が発達し，10世紀から14世紀にかけて港湾都市が発達しました[2]。

　たとえば，瀬戸内海（尾道，兵庫津など），日本海沿岸（敦賀，小浜など），大阪湾内，伊勢湾内などです。そして，これらの港湾都市では物資の荷揚げ・保管・商取引に係る仕事があり，船頭，水主（かこ），人夫，沖仲仕などの船舶や港湾労働の従事者も多くいました。

　さらに，港湾には商人や商工業者も集まり商業都市としても発達するとともに，沿岸の水運に必要な船舶の建造・修理の業者も現れました。

廻船建造都市の誕生

　寛文10年（1670）に東廻り航路，寛文12年（1672）に西廻り航路が開発されると，沿岸の港湾都市が発達しました。これを契機に，全国各地で廻船建造産業が発達しました。

　代表的な地域は，酒田（奥州），黒嶋（能登），赤間ヶ関（下関），博多，瀬戸内海地域，大坂湾，大湊（伊勢），伊豆半島地域などでした。特に瀬戸内海は，今でも造船が盛んな都市があります（図3-3-1）[3]。

　これらの都市は，廻船航路開発以前から船舶を建造していましたが，航路開発による廻船需要の増加で大きく発展

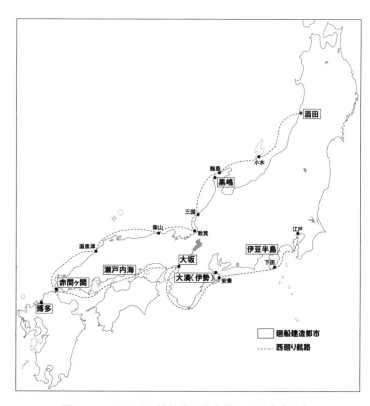

図3-3-1　西廻り廻船航路と代表的な廻船建造都市

しました。また，廻船寄港地でもあったため商取引や物流による商業活動によっても繁栄しました。

　その後，18世紀中頃に至ると，当時の造船技術革新として，高速で安全な弁才船が開発されました。そして，船大工など職人や手工業者が全国へ移住することで，建造技術が各地に技術移転されていきました[4]。

廻船建造都市の成立条件

　廻船建造都市の成立条件は，各地の資料や文献に基づき整理すると，4つと考えられます（表3-3-1）。

　第1は，交通条件（陸上交通，海上交通）です。大坂や博多は，海陸交通の要衝でした。黒嶋，瀬戸内海地域，伊豆半島地域などは，海上交通の要衝でした。要衝だからこそ，多くの船が立ち寄り都市として発展するとともに，廻船の修理なども行われました。

　第2は，地形条件（地勢，港湾）です。廻船建造都市は河口や海浜に面しており，水深・潮流，後背地の地勢，廻船への物資調達などで，廻船の寄港に適していました。言い換えれば，寄港に向いていない港は，発展できないのです。

　第3は，産業条件（材料調達，建造技術，関連産業，商業活動，資本，競争力）です。瀬戸内海や大湊などでは，廻船建造の材料となる木材の調達が容易でした。また以前から軍船などを建造しており，造船技術があり関連産業もありました。このように，材料，技術，関連産業などがあったからこそ，船舶建造の需要拡大に対応できたようです。

表3-3-1　廻船建造都市の成立条件と大湊（伊勢）の特徴

成立条件	成立条件の内容	酒田	黒嶋	博多	赤間	瀬戸	大坂	大湊	伊豆	大湊の特徴
交通条件										
（陸上交通）	交通の要衝で交通量が多い	○		○	○	○	○	○	○	伊勢神宮への陸上交通の要衝
（海上交通）	廻船寄港地ないしその近傍	○	○	○	○	○	○	○	○	廻船寄港の海上交通の要衝
地形条件										
（地勢）	海浜・河川などの接続	○	○	○	○	○		○	○	三河川の河口の天然の良港
（港湾）	入出港の水路や水深の確保	○						○		伊勢神宮の港湾都市としての発展
産業条件										
（材料調達）	廻船の原材料の調達が容易	○	○	○		○	○	○	○	宮川上流の森林からの材木調達
（建造技術）	建造技術と労働力の確保							○		航路開発以前から軍船建造技術
（関連産業）	造船に関連する産業の発達	○	○	○				○		軍船建造時代からの鍛冶や縫製
（商業活動）	物資集散と商取引活動	○		○				○	○	問屋や船宿の存在
（資本）	商人からの資本調達	○						○		手工業の資本蓄積と商人の援助
（競争力）	需要増大に対応した低船価			○		○		○		廻船の大量受注による低価格
政治条件										
（歳入歳出）	歳入確保と健全財政	○		○	○		○	○	○	入港税による健全財政
（自治制度）	産業振興のための組織	○	○	○	○		○	○		合議制度により自治組織
（産業振興）	諸役や税免除など産業奨励	○		○	○	○	○	○	○	税免除，廻船建造業者の株仲間

（注）赤間：赤間ヶ関，瀬戸：瀬戸内海

第3章　船―船・舟・船番所　　99

　第4は，政治条件（歳入歳出，自治制度，産業振興）です。廻船産業の振興対策として諸役や租税の減免などが実施されました。特に合議制による自治制度によって，産業振興や商工業者を保護した都市もありました[5]。

（2）　廻船建造都市，大湊（伊勢）の発展と変遷

廻船建造都市，大湊（伊勢）の成立条件

　廻船建造都市の典型的な例として，大湊（伊勢）を取り上げます。大湊は三重県東南部に位置し，現在は伊勢市の一部になっています。そして江戸期に廻船建造都市として繁栄しました（図3-3-2）。

　廻船建造都市の成立条件から大湊の特徴を整理すると，以下のようになります（図3-3-3）。

　第1の交通条件（陸上交通，海上交通）では，大湊は廻船の寄港地であるとともに，伊勢神宮につながる街道の結節点として，海陸両方の交通の要衝でした[6]。

　第2の地形条件（地勢，港湾）では，宮川，五十鈴川，勢田川の3河川によるデルタ地帯に位置した天然の良港でした。また，中世より伊勢神宮直轄の神領の製塩地としても発達していました[7], [8]。

　第3の産業条件（材料調達，建造技術，関連産業，商業活動，資本，競争力）では，中世から大湊は軍船を建造し，廻船建造の技術基盤がありました。廻船建造の材料調達から販売の各段階，すなわち「伊勢神宮領からの廻船建造用材木の切り出し（宮川上流部）～材料輸送（宮川）～廻船建造（大湊）～廻船出荷（河口港）」が，一貫して宮川沿岸で行われていました。さらに15世紀になると，伊勢神宮の衛星都市の宇治山田が発展し，これに近接する大湊には，問屋，廻船問屋，船宿が多く出現しました。この結果，廻船問屋を中心とした自治組織や廻船建造技術に関わる手工業者の組織は豊富な経済力を持ち，自治運営や産業保護資金を提供していたようです。そして廻船の大量建造によるコストダウンもあって，廻船の建造費は，他地区の1隻1,400両と比較して1隻1,000両程度と，

図3-3-2　大湊（伊勢）の位置図
（国土地理院ウェブサイトを基に作成）

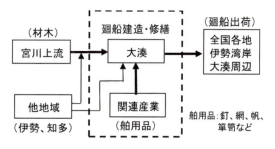

図3-3-3　大湊（伊勢）の廻船建造の概念図

価格競争力があったようです[9], [10], [11], [12]。

　第 4 の政治条件（歳入歳出，自治制度，産業振興）では，中世から伊勢神宮の保護下にあった大湊は，外部からの侵略を避けることができたようです。しかも，諸役や税の免除を受けていました。神宮の神領の大湊は，「山田三方会合」の支配下にあり，廻船問屋を中心とした自治組織「会合衆」によって自主的に運営されていました[13], [14]。

廻船航路開発にともなう大湊（伊勢）の発展

　廻船航路開発以前，永禄 8 年（1565）の記録では，大湊には 11 月から翌年の 6 月までの 8 カ月間で 120 隻の廻船が入港したとされています。また月ごとに増減はあったものの，年間約 180 隻程度のようでした。また，大湊に現存する「船之取日記」（天正 2 年（1574））によると，大湊は，桑名，四日市，白子，細汲（現在の松坂市），河崎（現在の伊勢市内），そして志摩の各地と交易していたようです。すなわち，大湊は，中世より周辺地域から物資が集散する港湾都市として発展していたようです[15]。

　西廻り航路開発以後，廻船入港隻数は，最盛期の 18 世紀中頃には年間 1,300 隻とされています。これらの廻船すべてが大湊に寄港したわけではなく，寄港隻数は約半数の 700 隻程度だったようです。これを，廻船航路開発前後を比較すると，180 隻から 700 隻と約 4 倍となり，廻船の寄港地としても繁栄しました。

　人口で見ると，航路開発以前の寛永 20 年（1643）には，大湊の戸数は 712 戸で，人口は 3,112 人でした。航路開発以後は，伊勢湾各地から職人などが移住して，急激に人口が増加し，元禄年間には約 900 戸，約 3,500 人となりました（表 3-3-2）[16]。

表 3-3-2　大湊の人口・世帯数と廻船数・入港廻船数の変化

	航路開発以前 （寛永 20 年） （1643 年）	航路開発以後 （寛文 10〜元禄 13 年） （1670 〜 1700 年）	江戸後期 （嘉永 4 年） （1851 年）	明治初期 （明治 12 年） （1879 年）
人口	3,112 人	3,500 人	2,800 人	2,190 人
世帯数	712 戸	900 戸	653 戸	513 戸
大湊所属の廻船数	120 隻	200 隻	85 隻	52 隻
年間の入港廻船数	180 隻	700 隻	300 隻	160 隻

表 3-3-3　安政 5 年（1858）の大湊の産業構造

産業分類	戸数（比率）
工業：製造業	255 戸（ 55.1%）
雑業：廻船関連産業	110 戸（ 23.8%）
商業：卸小売飲食業他	31 戸（ 6.7%）
農業	58 戸（ 12.5%）
その他	9 戸（ 1.9%）
総数	463 戸（100.0%）
工業内訳 （鍛冶 111，舟大工 100，木挽 16，他 28） （ 24.0%，　 21.6%，　 13.5%，　 6.0%） 雑業内訳 （船荷日雇 31，船乗渡世 24，船宿等 42，問屋 3，他 10） （ 6.7%，　 5.2%，　 9.1%，　 0.6%，2.2%）	

大湊は，廻船建造材料の調達が容易で高度な建造技術があったため，19世紀中頃には，製造業だけでなく，関連する産業や商業に関わる人もいました（表3-3-3）[17],[18]。

また，大湊は，廻船航路開発以前から伊勢神宮の保護により自治組織を有していて，入港税の徴収も許されていました。16世紀中頃には，入港船1隻につき100文の「船迎銭（入港税）」，または米9升を徴収していました。安政6年（1858）の記録によれば，入港税は入港費用の約22％を占め，自治組織の維持運営や港湾の整備に使用されていたようです[19],[20]。

廻船建造都市，大湊（伊勢）の衰退

19世紀中頃になると，第1に，西洋式帆船や動力船の登場による廻船需要の減退と，第2に，廻船需要の減少による手工業者や商人の弱体化がおき，全国各地の廻船建造都市もその影響を受けました。

特に大湊は，上記の2つの要因に加えて，地形条件や産業条件でも4つの変化がありました。

第1に，宮川・五十鈴川河口の砂泥堆積によって大型廻船の入港が不都合になったことです。

第2に，近接する鳥羽藩の城下町鳥羽が商業都市として発展したことです。

第3に，山田奉行の所在地である宇治山田へ商業活動の中心が移ったことなどです。これにより，廻船寄港地としての大湊の価値が低下し，入港廻船数が減少したため，入港税による収入も減少しました。

第4に，天保12年（1841），天保の改革によって，全国における株仲間が解散され，大湊においても手工業者や商人の自治組織が消滅しました。

こうして大湊の人口や入港する廻船数も次第に減少し，航路開発から約200年後の江戸末期の嘉永4年（1851）には，戸数は653戸に減少しました[21]。

廻船建造産業の変化と大湊

廻船航路開発を契機にして発展してきた大湊は，明治期に入ると，廻船建造から西洋式帆船や鉄鋼船や近代的な木造船の建造産業へと転換していきました。明治32年（1899）に，大湊造船徒弟学校が設立され，その後，鋼鉄船建造の本拠地となりました。昭和40年代（特に1965〜1972）には，造船産業の繁栄を迎えましたが，その後の長期の造船不況により規模を縮小したり業態を変えながらも，事業を継続しています。

【参考文献】

(1) 仲野光洋・苫瀬博仁「江戸期の廻船航路開発にともなう廻船建造都市大湊の発展に関する研究」日本物流学会誌（第 11 号，2003 年），81-88 頁

(2) 豊田武『日本の封建都市』岩波書店（1952 年），24-30 頁

(3) 斎藤善之 編『新しい近世史 3 市場と民間社会』新人物往来社（1996 年），58-77 頁

(4) 石井謙治『和船 I ものと人間の文化史 76-I』法政大学出版局（1999 年），14-17 頁

(5) 伊勢大湊町鷺ヶ浜水門会『大湊の歴史散歩』（1999 年），2-20 頁

(6) 国史大辞典編集委員会 編『国史大辞典 第 2 巻』吉川弘文館（1980 年），692 頁

(7) 平凡社 編『日本史大辞典 第 1 巻』平凡社（1992 年），1113 頁

(8) 日本史広辞典編集委員会 編『日本史広辞典』山川出版社（1997 年），328 頁

(9) 伊勢市役所大湊分所住民課調べ

(10) 勢田川惣印水門会『伊勢大湊の造船について』（1995 年）

(11) 岡田玉山 画『絵本太閤記』伊勢市立図書館 所蔵（1690 年頃）

(12) 下中邦彦 編『日本歴史地名大系 第 24 巻（三重県の地名）』平凡社（1983 年），682-684 頁

(13) 東照神殿再設保存会『大湊角屋由緒書』角屋家（1884 年）

(14) 沖林一郎『浜七郷』勢田川惣印水門会（1993 年），18-19 頁

(15) 岡野義和『勢州大湊古記・全』（1861-1863 年）

(16) 伊勢神宮『内外宮領図裏書 1643』神宮文庫 所蔵

(17) 株式会社強力造船所 所蔵記録

(18) 宇治山田（現 伊勢市）『角屋家文書（1575-82）』神宮徴古館 所蔵

(19) 作者・年代不詳『大湊由緒』神宮徴古館 所蔵（16 世紀後半）

(20) 北島正元『日本の歴史 18 幕藩性の苦悶』中央公論社（1985 年），458-463 頁

(21) 『勢国見聞録』伊勢市図書館 所蔵（1851 年）

3-4　利根川水系の水運 ― 高瀬船とその操船

　日本の河川の特徴は，狭く浅く流れが速いことです。明治政府がオランダから招いた土木技術者のローウェンホルスト・ムルデルは，日本の川を目の当たりにし，「私の国ではこれは川とはいわない。滝と呼んでいる」と叫んだそうです。

　また，日本の河川は，時期によって水量が大きく変化し，渇水期には水深が浅くなるため，安全な水路を容易に確保することは難しく，江戸の昔から，通航は困難を極めました。しかし物資輸送に河川舟運は欠かせなかったので，江戸の昔から，船と操船には様々な工夫が取り入れられていました。

　ここでは，①利根川の東遷事業，②高瀬船の普及，③高瀬船の操船方法，④高瀬船の事故と防止対策について紹介します。

（1）　利根川水系の航路開発

江戸湊内へ進入する航路における海難のリスク

　江戸の地は，関東平野の南部中央に位置し，隅田川や江戸川など大小たくさんの河川が縦横に巡る地理的特性がありました。そのため，物資や人の輸送手段として水運を利用しやすい環境にあったのです。

　江戸時代初期の 1620 年頃，東北地方から江戸に向け，米の東廻りの海上輸送が本格的に開始されました。こうした海上輸送には，廻船（弁財船：木造帆船）などが使われていました。しかし，洋式の帆船と比べると，廻船はそれほど丈夫な構造ではなかったのです。また，茨城県の常陸沖から，千葉県の銚子沖を経由し房総半島の南端に至る海域は，荒天に遭遇しても避難する港が見あたらない，海の難所でした。

　さらに，荒天を回避し，房総半島の南端まで無事たどり着いたとしても，その後，直角に近い角度で針路を変え，房総半島の南端を回り込み，江戸湾内に進入する必要がありました。このような急角度の針路変更は，当時の操船技術や操縦性能では困難でした。

　そこで，房総半島から直接江戸湊には入らず，いったん湾口を通り過ぎ，三浦半島の三崎や伊豆半島の下田に入港し，その後，港に停泊しながら日和見（気象予測）を行い，南西風が吹く頃合いを見計らい出港し，再び江戸湊を目指すという迂回航法が多用されました。しかし，こうした航法では下田などを出港後，南西風が収まり，江戸湊内への進入に失敗することがたびたびありました。その場合，北西風で房総半島の沖へ流されるリスクを抱えていたのです。最悪，房総半島の沖を流れる黒潮の本流まで達し，そのまま太平洋漂流を余儀なくされ，二度と戻れなくなるという致命的リスクでした。

利根川東遷による航路の充実

　ところで，現在の千葉県・銚子は，利根川本流の河口部に位置する大きな港町です。しかし，江戸時代初期の頃の銚子は，利根川支流の常陸川と呼ばれる小河川の河口部に位置する小さな漁村で，大きな廻船が入れる港ではありませんでした。

　当時の利根川本流は，現在の江戸川のことを指し，江戸湾に直接流れ込んでいました。当時の利根川本流（江戸川）は，大雨のたびに氾濫を繰り返し，江戸の町に大きな被害をもたらしていました。

そのため，幕府は江戸の町を水害から守るとともに江戸湊内へ進入する航路における海難のリスクを避けるため，銚子を起点として江戸に至る水運ルートを確保する必要性がありました。そこで，常陸川の拡張や赤堀川の開削など，一連の改修工事を進めました。いわゆる利根川東遷事業です。

高瀬船による河川舟運の発展

利根川東遷にともなう一連の改修工事の結果，元文年間（1736 〜 1740 年）の頃には，常陸川の水量が増加し，これが利根川の本流となり，やがて，1,000 石積みの大型廻船も，銚子への入港が可能となりました。その後，寛保年間（1741 〜 1743 年）の頃には，銚子に入港した廻船の多くが，そこで高瀬船に荷を積み替え，その後の輸送を海運ではなく，河川舟運に切り替えるようになりました。

すなわち，高瀬船は，利根川を遡上して境（現 茨城県）に達し，逆川を経由して関宿（現 千葉県）に至り，そこから江戸川を一気に下り，江戸の町を目指しました。こうして，利根川水系の河川舟運ルートが開通するに至ったのです。

（2） 高瀬船の普及

高瀬船の由来と特徴

高瀬船とは，日本の河川や湖など内水域における物資や人員の輸送の用に供されてきた代表的な木造和船です。9 世紀末の平安時代初期に誕生し，昭和 20 年代末期に至るまで，長期にわたり，室町時代末期から江戸時代にかけて，日本全国の河川に広く普及しました。

高瀬船は，狭く浅く流れが速い日本の河川での使用を考慮し独特の姿をしています。具体的には，喫水が浅く船底が極端に平坦です。また，幅が細く縦に長く，波切りに適したスマートな形状をしています。さらに，普通の船と比べ背が高いことも大きな特徴です。背が高い船を意味する「高背船」が転じ，高瀬船になったといわれています。

高瀬船のこうした特徴は，日本全国どこの河川の高瀬船にも共通していますが，構造や装備等の詳細については，各河川の特色に応じ独自の発展を遂げました。すなわち，日本全国の河川ごとに，少しずつ異なる姿の高瀬船が考案され使われました。なお，高瀬船は，海洋を航行する廻船とは異なり，船体強度や安定性などはあまり考慮されていませんでした。高瀬船は，狭く浅く流れが速い，日本の河川で使用するために造られた専用船といえます。

高瀬船の船型

記録に残っている最大級の高瀬船は，全長が実に約 27 メートルもあり，米 1,250 俵（約 75 トン）が積載できたそうです。こうした大型の高瀬船は，水量が豊富な大きな河川の下流でのみ通航が可能でした。

高瀬船の一般的な船型は，利根川水系の場合で全長約 12 〜 14 メートル，米 300 〜 500 俵（約 18 〜 30 トン）を積載できる程度の大きさでした。高瀬船の耐用年数は，おおむね 15 〜 20 年だったそうです（図 3-4-1，図 3-4-2，図 3-4-3）。

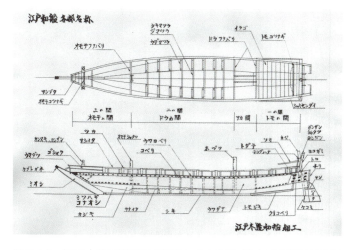

図 3-4-1　江戸木造和船細工（作図：中山幸雄（船大工技術研究家））

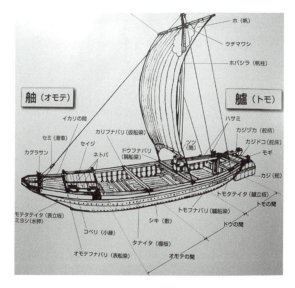

図 3-4-2　高瀬船の構造
　　　　　（出典：「高瀬船物語」千葉県立関宿城博物館
　　　　　（2005 年度企画展））

図 3-4-3　高瀬船の模型（写真三葉）
　　　　　（千葉県立関宿城博物館，著者撮影）

（3）　高瀬船の操船方法

高瀬船の操船の基本

　高瀬船は喫水が浅く船底が平坦とはいえ，操船に際しては一定以上の水深が必要でした。全長 13 メートル・米 400 俵（約 24 トン）積みの平均的な大きさの高瀬船の場合，積荷の無い空船時にあっては少なくとも 30 センチメートルほど，積荷を満載した場合にあっては少なくとも 90 センチメートルほどの水深を必要としました。

　高瀬船はこうした水深が確保できる，河川内の澪と呼ばれる安全水路を常に探りながら，慎重に操船されていました。

4つの操船方法（帆走，櫓漕，棹働き，綱働き）

高瀬船の操船には，帆走，櫓漕（＝ろこぎ），棹働き，綱働き，の4種類の方法がありました。

第1の「帆走」は，帆を用い，風を動力として利用します。帆走には，十分な水深とある程度広い水域を必要とします。したがって，大きな河川の河口部や湖等の広い水域において，船尾方向から順風が得られるなどの好条件の場合を除き，あまり多用されることはありませんでした（図3-4-4）。

図3-4-4　霞ヶ浦・土浦付近を帆走する高瀬船，明治44年
（絵葉書，土浦より霞が浦の遠望（千葉県立関宿城博物館 所蔵））

第2の「櫓漕」は，人力で櫓を漕ぐ方法です。櫓漕は，一定以上の水深を必要としたほか，日本の河川には不向きでした。すなわち，カヌーなどの小舟ならばまだしも，流れの急な河川において，大型の高瀬船を櫓だけで操り，浅瀬に座礁しないよう，また，川壁に激突して難破しないよう注意しながら，針路を一定に保ちながら進むのは至難の業でした。したがって，櫓漕は帆走と同様，好条件の場合を除き，あまり多用されることはありませんでした。

第3の「棹働き」は，棹を川底にあて，突っ張りながら操船する方法です。利根川水系の高瀬船では，「棹働き」が多用されていました。「棹働き」に使われていた棹は，直径が約25センチメートル，長さが約9メートルもある巨大な代物でした。この巨棹で，流れのある河川の川底を正確に突き，数十トンの積荷を積載した全長約12～14メートルの高瀬船を自由に操るには，人並外れた体力と熟練の技を必要としました。無論，この巨大棹を腕の力だけで扱うことはできません。巨棹の上端を自分の胸に当て，下端で川底を正確に捉え，両足を踏ん張りながら全身の筋肉を使い，体を弓なりにしながら突っ張らないと，船を動かすことはできなかったそうです。巨棹を自由に操れるようになるためには，最低でも3年以上の修業が必要だったそうです。

第4の「綱働き」は，陸上からの支援を受けて操船する方法です。利根川水系の水運ルート上には，たとえ熟練の船頭が巧みに巨棹を操っても，高瀬船を安全に通航させることのできない難所がいくつかありました。その1つが，関宿の「棒出し（治水目的のため人工的に設置された河川の狭窄部）」でした。船頭は手間賃を払い，専門の人足を5～6人ほど雇い，陸上から綱や棒を船に送らせ，これを使って曳いてもらうなど，支援を受けながら高瀬船を進めました。人足のほかに馬が使われることもあったようです。

歩かせる高瀬船

高瀬船は「棹働き」や「綱働き」など，そのスマートな船型からは想像しがたい，人力などに頼る原始的な操船方法が多用されていました。そのため移動速度は遅く，当時の船頭たちは高瀬船を動かすことを「走らせる」ではなく，「歩かせる」といったそうです。

（4）　高瀬船の事故と防止対策

高瀬船の事故の種類

高瀬船の総数は，江戸時代の最盛期において，利根川下・中流や渡良瀬川，鬼怒川，霞ケ浦，北浦など利根川水系全体で，2,000〜3,000隻就航していました。

船の通航にあたっては，大小さまざまな事故がつきものです。高瀬船も「当逢（現在の衝突）」，「打揚げ（現在の乗揚）」，「覆り（現在の転覆）」，「水船（現在の浸水）」，「破船・難破（現在の遭難等）」など，様々な事故に遭遇していました。

河口域での事故

河川の河口域等付近では，強風や波による「覆り」や「水船」，「破船・難破」などがもっとも恐れられていました。

高瀬船は，河川で使用する専用船のため喫水が浅く背が高く，船体強度や安定性などはほとんど考慮されていません。したがって，海上を航行する廻船ならば十分耐えられる程度の風や波であっても，高瀬船にとっては重大事故につながりかねない，恐るべき外力となったのです。

また，高瀬船の移動速度が遅いことも，天候の急変の際の避難などの初期対応を遅らせ，重大事故を発生させる原因となりました。

中流域での事故

河川の中流域などでは，浅瀬への「打揚げ」や川崖への衝突による「破船・難破」，船同士の「当逢」などがもっとも恐れられていました。

前述のとおり，高瀬船は，積荷のない空船時にあっては少なくとも30センチメートルほど，積荷を満載した場合にあっては90センチメートルほどの水深を必要としたため，澪と呼ばれる安全水路を常に探りながら慎重に操船されていました。そして，狭く浅く流れの速い日本の河川では，船が安全に通航できる安全水路を確保するためには，継続的な浚渫工事が必要でした。

江戸時代，河川や湖などの沿岸には，幕府の許可を受け，「船着き場」と「問屋」によって構成される「河岸」を中心に町が建設されました。河岸は物資輸送の基地であるとともに，水運に関わる様々な人々が集まる社会経済活動の中心地でした。河岸の数は，利根川水系だけで約150にも上りました。

これら「河岸」の周辺では，問屋などの資金提供のもと，通航船舶の安全と港機能の維持のため，「川浚い」と呼ばれる浚渫工事が行われました。一方，河岸の周辺以外の場所や流れが急な難所などでは，資金面や技術面の理由により，「川浚い」を行うことはできませんでした。

こうしたことから，特に渇水期，澪を求める高瀬船の操船は困難を極めました。澪を失い「打揚げ」に至る船もありました。また，澪探しに気を取られ，いつの間にか急流に巻き込まれ制御不能となり，川崖に激突し「破船・難破」に至る船もありました。さらに，運よく澪を見つけても，そこに

集中した船同士が「当逢」の事故を起こすこともありました。船体強度に弱点を抱えた高瀬船は，たとえ軽度な「当逢」であっても深刻な損傷を生じさせ，「破船・難破」に至ることも珍しくありませんでした。

事故防止対策

昭和20年代末期，最後の高瀬船の船頭たちの話によれば，利根川水系の水運ルートには，古くから暗黙の交通ルールがいくつかあったそうです。たとえば，「①河川内での追い越しを禁止する」，「②上り船はできる限り川の中央を通航し，下り船は川の両端を通航する」，「③正面から2隻の船が行き会う場合，両船は互いに針路を右に転じて衝突を回避する」などです。これらのルールは，現在の船舶交通ルールにも通じる合理的なものです。

江戸時代の高瀬船の船頭は，こうした交通ルールに従いつつ，澪を探りながら慎重に「棹働き」などを行い，安全運航に努めていたものと思われます。また，上り下りの高瀬船が行き会う際には，互いが通過してきた澪の様子や航路障害物の所在の有無などについて，船頭同士が声をかけ合って情報交換を行い，事故防止に努めていたようです。

【参考文献】

(1)　渡辺貢二『高瀬船』崙書房（1978年）
(2)　渡辺貢二『続高瀬船』崙書房（1980年）
(3)　渡辺貢二『船頭』崙書房（1979年）
(4)　渡辺貢二『利根川高瀬船』崙書房（1990年）
(5)　千葉県立博物館 編「研究報告4」河川関連論文集（2000年）
(6)　千葉県立博物館 編「研究報告5」河川関連論文集（2001年）
(7)　千葉県立関宿城博物館 編「つながる川と海と人」平成28年度企画展図録（2016年）

3-5 中川番所と小名木川の通行

　江戸は、多くの人が生活するために多くの物資を輸送しなければなりませんでした。しかし、一方では「入り鉄砲に出女」といわれたように、物資輸送に紛れて市中に鉄砲を持ち込むようなことがあってはなりません。このため、特に関東の利根川流域や房総地域から江戸への物資輸送ルートとなっていた小名木川では、船番所を設けて検査・監視をしていました。

　ここでは、①番所の設置・移転、②中川番所の役割、③中川番所の通関制度、④武器・武具類の通関について紹介します。

（1）番所の設置・移転

小名木川と番所の設置

　今の江東区内を東西に小名木川が開かれ、関東一円の水体系が改修・整備されると、「奥川筋」が形成されます。「奥川筋海路図」では、関東一円の水体系が改修・整備され「奥川筋」として完成した様子を、海から川への水運も踏まえて表現しています（図 3-5-1）。

　これにより、関東とりわけ利根川水系からの物資の江戸流入において、小名木川から入る基本ルールができます。

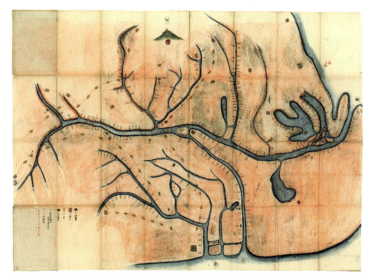

図 3-5-1　『奥川筋海路図』（江戸中期）（江東区中川船番所資料館 所蔵）

深川番所の設置

　小名木川を通って多くの物資が運ばれるようになると、江戸の防衛と物資の検査のため番所が置かれました。番所は当初、江戸城下を眼前にした小名木川西端の萬年橋（現存、別名「元番所のはし」）近くに置かれました。設置時期は不詳ですが、正保 4 年（1647）9 月、水野忠保・高木正則・山口直賢（竪）・山崎重政の 4 名の旗本（いずれも 1,000 石以上）が番所の長官にあたる深川番に任命されています。

　以後 3,000 石〜 8,000 石クラスの大身の旗本が、同時期に 3 〜 5 名任命され、5 日交代で当番にあたっていました。

　当時の深川は、慶長元年（1596）に隅田川沿岸、小名木川以北に深川村が誕生（摂津国出身という深川八郎右衛門をはじめとする人々が入植、開発しました）し、次第に市街地化していきました。小名木川の南には隅田川に沿って「半島状の土地」が南へ延びていましたが、そこは寛永 6 年（1629）深川猟師町となり、さらに同 18 年には日本橋本材木町などの材木置き場が転入、貯木と搬送のため

の碁盤の目状の掘割を開いて材木置き場となりました。その南，海浜の地は永代島と呼ばれ，富岡八幡宮と別当 永代寺が造営されました。

また小名木川北側の，後の本所地域にはまだ武家地が設定されておらず，市街地は形成されていません。

さらに，まだ隅田川には橋がなく，商品の搬送にかかわる船問屋や河岸・倉庫は十分ではありませんでした。そのような状況にあっても将来を見据え，小名木川を関東と江戸を結ぶ大動脈と位置づけて番所を置いたのでしょう（小名木川の開削，深川番所の設置については「2-3 江戸市中の運河と流通」参照）。

深川番所から中川番所への移転

明暦の大火（明暦3年（1657））の惨事を踏まえて，隅田川以東の市街地化，本所深川の開発事業が始まりました。地域の北側を本所，南側を深川と呼びます。それまで江戸城の北部から西部（本郷・小石川・小川町・麹町など）に屋敷地を与えられていた幕府家臣団にあたる旗本・御家人の住まいを，「川向こう」と呼ばれた隅田川以東に広げ，広大な武家地を設定し，地域の西北部（後の吾妻橋辺）にあった村の名を取って，本所と名付けられました（本所村が隅田川に架かる現 吾妻橋の東岸周辺の村で，その名称を広域的な地名に変えて呼ぶようになりました）。新たな「武家地・本所」は小名木川の北側に並行して開かれた竪川，それと交差する大横川・横十間川を親骨にして，碁盤の目状の道路を開き，街区を設けて武家地として屋敷地を割り当てていきました。その地域はおおむね竪川から北の北十間川までで，広大な武家地が生まれました。それに対応してその東側の亀戸・大島・北砂（いずれも江東区東部）は食糧供給地として本所地域に組み込まれていきました。本所は，壮大な幕府による開発事業のプロジェクト名といえます。

その本所地域の南側，海に近い方に「蔵の町」としての役割を強めつつあった深川があります。すでに小名木川沿岸に芽生えていた蔵や船稼ぎなどの機能は，一層高められ，隅田川を越えずに江東地域の蔵に納められる物資が増大することも考慮し，寛文元年（1661），番所の位置を小名木川東端の中川口に移転させることとなりました。小名木川には北側に枝川として六間堀・五間堀などの運河があり，小名木川周辺で物資を搬送していた小舟の係留等に利用されたと考えられます。こうして江東地域だけで水のネットワークが形成されつつありました。番所の移転は，こうした状況を捉えた結果でした。

『名所江戸百景 中川口』には，画面左下に中川番所の柵が描かれています。中央を左右に流れているのが中川，手前の2艘の乗り合い舟が見えるのが小名木川，奥の川が船堀川（新川）です。中川に浮かぶ3組の筏は，江戸近郊の林産地が川で江戸とつながってこそ描くことができた光景です（図3-5-2）。

図3-5-2 『名所江戸百景 中川口』歌川広重 画（江東区中川船番所資料館所蔵）

『江戸名所図会 中川口』には，画面左に番所，下方が小名木川で右手を手前から奥へ中川が描かれています。中川には帆船が浮かんでいますが，小名木川は櫓で漕ぐ川船。江戸市中の掘割はいずれも帆を立てるほどの大きな船は入り込めなかったので，櫓や棹が中心でした。番所建物の右手，中川に面したところには10本の槍があり，これが中川番所の「看板」であり，船頭の間では口コミで伝えられ，誤ることなく番所へ向かうことができたのでしょう（図3-5-3）。

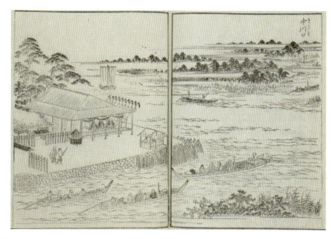

図3-5-3 『江戸名所図会 中川口』（天保7年（1836））
（国立国会図書館 所蔵）

『江戸名所図会 小名木川五本松』には，小名木川の北岸の中ほどにあった九鬼家屋敷から川にせりだした見事な枝ぶりの松が描かれています。初めは5本でしたが，枯れるなどして1本になってしまいました。それでも，小名木川のランドマークとして知られるようになりました。深川に住んでいた松尾芭蕉も「川上と この川しもや 月の友」という句を残しています。夜間でもありのどかな光景ですが，多くの船が行きかったことでしょう（図3-5-4）。

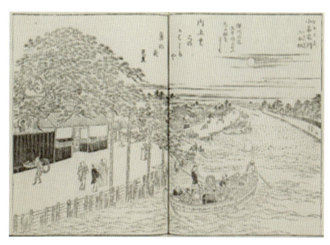

図3-5-4 『江戸名所図会 小名木川五本松』（天保7年（1836））
（江東区中川船番所資料館 所蔵）

『大日本物産図絵 下総国醤油製造の図』は，明治初期のものですが，下総国野田（千葉県野田市）の醤油醸造の様子が描かれています。樽には亀甲の枠に万。キッコーマンの前身，野田醤油株式会社です。左手奥の蔵の先には帆柱が見え，ここから江戸川・小名木川経由で江戸・東京に運ばれていたことをうかがわせます（図3-5-5）。

図3-5-5 『大日本物産図絵 下総国醤油製造の図』（明治10年（1877））（千葉県立関宿城博物館 所蔵）

(2) 中川番所の役割

中川番所の組織

中川番所の長官にあたる中川番は若年寄支配の交代寄合で3,000石～8,000石クラスの大身（たいしん）の旗本が，同時期に3～5名任命され，5日交代で当番にあたっていました。実際に番所での事務を担うのはその家臣でしたが，鷹狩（たかがり）などでの将軍御成（おなり）の際には中川番自ら番所で指揮したことでしょう。

幕末の記録では，中川番の配下に番頭2名，添士2名，小頭2名が置かれていました。さらに小頭の下には下役人と呼ばれる人がいました。この下役人が小頭の下で入出船する船の監視，乗船者や積み荷の確認といった実務を手がけていたとみられます。

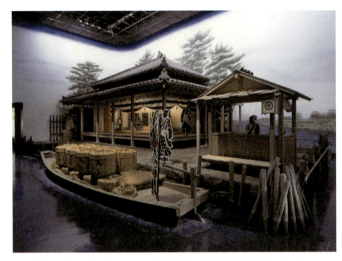

番所建物の左方が小名木川で，酒樽を積んだ荷船が入船してきたシーンを再現しています。

図3-5-6　中川番所ジオラマ（江東区中川船番所資料館）

中川番所の役割を示す高札

中川番所の役割を知るうえで，寛文元年（1661）に掲げられた高札の内容が参考になります。その内容は以下の通りです（図3-5-7）。

① 夜間の江戸からの出船は禁止，入船は許可する。

② 中川番所を通過する際，乗船者は笠・頭巾を脱ぎ，戸を開けて船内を見せること。

定

一、従江戸出船夜中にて不可通之、入船
ハ雖為夜中可通事
一、往還之輩、番所之前ニ而笠頭巾を
ぬくべし、乗物ハ戸をひらき可相
通事
一、女上下によらす、縦慥成証文有之
といふとも、一切不可通事
一、鉄砲二三挺まては相改通之、夫より数多
之時ハ、得差図可通之、其外武具可為同前
之事
人忍入へき程のうつわものハ遂穿鑿、無異儀に
おゐてハ可通之、それよりちいさきう
つはものハ不及改之、万一不審なる子細あら
は、番船を留置急度可申達事
　附、囚人又ハ手負たるもの死人等、
　慥成証文於無之ハ、不可通事
右、可相守此旨者成、仍執達如件
寛文元年九月十三日　奉行

図3-5-7　中川番所に掲げられた高札の内容（寛文元年（1661））

③ 女性は身分の上下によらず，証文を持っていても通行を許可しない。

④ 鉄砲は 2, 3 挺までは改めの上通行を認めるが，それ以上の場合は指図を受けること。そのほかの武具も同様。

⑤ 人が忍び込めるほどの大きさの器は確認し，異常がなければ通行させる。また小さな器は改めるには及ばない。万一不審な点があれば，船を留め置いて報告する。

付則として囚人やけが人，死人についても証文が無ければ通行させない。

番所の通船は明け六つ〜暮れ六つ（おおむね午前 6 時〜午後 6 時）ですが（夜間では暗くて十分な検査ができない），例外として幕府の特別な公務の場合や生魚・野菜などの搬送は夜間でも認められていました。

番所を通過する際には，乗船している人は傘や頭巾を脱ぎ，船の戸があれば開けて内部が見えるようにする，女性の場合は身分に関わらず一切通行はできない，人が入るほどの大きな器を運んでいる場合は確認する，といった細かな通関規定が設けられました。女性は通行禁止となっていますが，結婚による転入出や神社仏閣への参詣（親や家族などの病気平癒祈願など）のための通行は許されていました。

ことに検査が厳しかったのは，鉄砲とそれに関連する玉・硫黄・鉛などで，事前の手続きや通関可能な数量まで細かく規定されていました。

鉄砲については 2, 3 挺まではその場で改めの上通行が許可されますが，それ以上の数量の場合は指示を仰ぐことになりました。参勤交代などで規定以上の武器・武具を携行して通行する場合は，事前の幕府への届け出が必要でした。

時代が下るにつれ，関東の商品生産地帯（江戸地廻り経済圏）が発達し，商品生産が盛んになると，物流の動きに着目しなければならず，米・酒・硫黄・蝋・塩・俵物や樽物（海産物）・材木等の品目は御規定物といって，個々に制限や特別な手続きが必要でした（表 3-5-1）。

表 3-5-1　御規定物のおもな種類と査検方法

種　　類	査検方法
米荷物（入船）	幕府の年貢米は国名・村名や代官名・納め名主名について確認する 御三家の年貢米および買上米は国名・村名・納め名主名について確認する 大名の年貢米は印鑑の確認のみで船頭より俵数を報告する 旗本の年貢米は国名・村名・納め名主名・旗本名を確認する
米荷物（出船）	少量であればそのまま通船させる 高瀬船で出船する場合は普段と同様に売り主と荷受人の名前を記載した手形を提出する
酒（入船）	酒の印・駄数・酒造人の国名・村名・名前，荷受人の町名・問屋名・名前，および船頭の名前を確認する 手形は書役へ渡し，枚数・船頭の名前を帳面に書き写し，割判を済ませたのち，中川屋清蔵へ渡す
御用酒（入船）	酒荷物の手続きと同様であるが，入船したら直ちに書役に取り次ぎ，手形に割判を済ませ船頭へ渡す
上州硫黄（入船）	1 カ年に 12,000 貫目までの規定がある 上州倉賀野宿の問屋庄左衛門方より積み送られるもので，江戸硫黄問屋の名前証文を差し出す 査検は小頭 2 名で改め，中川屋清蔵が立ち会う

生蝋	1箇の貫目を書添え，実印証文で確認し通船させる
塩（出船）	高瀬船で出船する場合は手形が必要，小舟の場合は断りだけで通船させる 積問屋仲間の証文を提出させる 武州・上州へ回漕する場合は塩問屋仲間の証文を提出させ通船させる
俵物・樽物（入船）	高瀬船・小船とも証文を提出させる 俵物・樽物とも少数であれば断りだけで通船させる 俵物は2俵，樽物は7〜8樽以上は手形や送状を提出させる
古銅類（入船）	実印証文を確認
取替酒（入船）	1駄片馬までは通常の手形で通船させる 2駄以上は本書役に相談し，酒引取りの証文を提出させる
筏・材木（入船）	行き先の川筋名・筏の枚数・筏領主を聞きとめ，即座に上役へ報告する 筏願書の控と照合する 2人乗りの場合は願書を提出しなくてよい
生魚・前菜物 （夜中入船）	夜間の通船を許可する 但し，船頭・宰領とも7人まで，それ以上の場合は一切通船させず，船は差し戻す 高瀬船・小船とも，積み荷をよく改めた上で，通船させる とうがん・唐茄子・西瓜・真桑瓜・梨子・柿・葱・薩摩芋・空豆は通船させない むき身舟は夜中でも通船させる

（出典：『江東区中川船番所資料館 常設展示図録』2003年）

これは，新たに台頭してきた関東地方からの商品輸送について，その流れを幕府が把握する必要に迫られてきたことによっています。寛政3年（1791）米価が高騰したことから，関東で酒造が盛んになったことをとらえた幕府が，酒の製造高を制限，以後の実態調査のため中川番所でも検査が行われました。こうした幕府経済政策への対応が求められ，社会情勢の変化を把握することもできたのでしょう。

高札からうかがえる当時の世情

高札の内容で，番所運営の骨子がうかがえます。それは，夜間は出船不可，入船は可，船上の人や内部が見えるように笠・頭巾を取り，戸を開けること。鉄砲は，2, 3挺は通行させるがそれ以上は指示に従うこと。人が忍び込めるほどの容器類は確認し，不審なことがないかを改める。

こうした骨子だけでは，番所の運営はできないことから，歴代の長官にあたる中川番は，より具体的な「ルール」を老中や若年寄等と協議しながら策定していきました。現在，残されている「中川御制札記」（神宮文庫 所蔵）には，鉄砲をはじめとする武器・武具や物資の通関制度，将軍御成りの際の対応などについて取り決めています。

番所の役割について要約すると，①不審な者の通行監視，②女性の通行禁止，③鉄砲の通関についての厳正な対応となります。②③は関所全般について言われる「入り鉄砲に出女」の原則です。しかし，時代が下り関東から江戸へ入る米や特産品が増えると，諸商品への取り締まりや査検が重要になっていきました。

また番所の役を果たすため，人足の動員など周辺の村にも役が掛けられました。

中川番所鑑札

中川番所周辺で番所に関した役を負っている村人や町人が番所に出入りしたり，通行するための許可証です。木札の表面には「東葛」とあり，付け紙には「中川御関所江非常駆付人足札」とあり，非常時の人足としての役を，現在の江戸川区内の村が負っていたことがわかります（図3-5-8）。

（3） 中川番所の通関制度

　中川番所の役割として，先述したように，寛文元年（1661）の高札では，番所設置の目的・役割の原則について示されています。この後に，日常の具体的な対応を考慮して，細かいルールが作られていきました。それをまとめると下表のようになります（表3-5-2）。

　商品荷物については，送り主（在印）から番所あての手形が必要で，船頭が手形を提示しました。たとえば，前島河岸（群馬県太田市）の積問屋九左衛門が，江戸日本橋小網町の上州屋常吉に米十俵を送った際の手形があります（図3-5-9）。

　女性の通行に厳しかった理由には，参勤交代制が確立して江戸屋敷に人質として置かれ，生活していた大名の妻女が，領国へ帰国するというのは，幕府に抵抗する謀反を図っているとの疑いが生ずるためとされています。

　大名家の妻女などではない一般庶民の女性に対しても，同じ原理原則を適用していました。女性が家庭から出て働く，幕府や藩の御用を勤めることが極めてまれだった当時，女性の通行が奇異なものとしてとらえられた側面もあったのでしょう。

図 3-5-8　中川番所鑑札（複製）
（江東区中川船番所資料館 所蔵，江戸川区郷土資料室 原蔵）

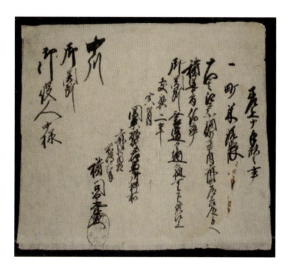

図 3-5-9　中川番所通行手形（慶応 2 年（1866）4 月）
（江東区中川船番所資料館 所蔵）

表 3-5-2　中川船番所におけるルール

高札の項目	実　　　態
夜間の出船・入船	通船は明け六つから暮れ六つ（日の出から日の入りまで）。 夜間の出船は幕府の特別な公務の場合は老中・目付からの証文等が必要 生魚・野菜等生鮮食品の入船は可
通船時の作法	乗船者は笠・頭巾を取り，船の戸を開けて内部を確認
女性の通行	通行は不許可が原則だが，縁組・神社仏閣への参詣は認められた。 ＊中川番所から 1 キロ中川をさかのぼった所に逆井（さかさい）の渡しがあり，女性はそこで対岸に渡って中川番所を通ってきた船に乗船するということもあった。
武器・武具の通行	鉄砲は 2,3 挺なら許可するが，数が多い場合は指示する。ただし鉄砲（玉の重さによる区分）・持弓・槍など，種類に応じて細かい規定があった（後述）。
人改め	船内に人が隠れることがないよう取り締まり，囚人・怪我人・死人についても証文が必要

しかし，女性の旅は決して珍しいものではなく，寺社参詣などはよく行われていました。

（4）　武器・武具類の通関

　武器・武具の通関手続きは，表 3-5-3・表 3-5-4 のようにきめ細かく規定されていました。ことに鉄砲に関しては，主家から番所への事前連絡，搬送にあたる家来の印鑑を事前に届け出て，送り証文に捺された印と照合するなど厳重な確認作業を伴いました。そのほか槍や具足などにも数量制限が設けられ，謀反・反乱等の不穏な動向を抑制することが最大の目的でした。

表 3-5-3　鉄砲の通関手続き

種別	制限数量	通関手続き	例外規定	備考
玉目（玉の重さ）9 匁 9 以下の筒	1 カ年 3 挺迄	主人から中川番へ断わり自分証文にて家来（担当者）印鑑の提出番所で送り手形と印鑑を照合（主人から中川番に断わりなければ 1 挺も通関させない）	（老中・若年寄の場合）家来印鑑の提出番所で送り手形と印鑑を照合（家来印鑑の提出がないものは当番主人へ注進）	
	1 カ年 4 挺以上	老中裏判証文の提出		
玉目 10 刃以上		老中裏判証文の提出		
四季打ち鉄砲	1 カ年 3 挺迄	代官証文（幕府直轄領）・自分証文（大名・旗本領）にて家来印鑑の提出	（組付与力の場合）組頭証文にて与力印鑑を提出送り手形と印鑑を照合	宝暦 7 年（1757）3 月迄は 1 カ月に 3 挺迄

表 3-5-4　武器・武具の通関手続き

（1）

種別	制限数量	通関手続				備考
		一般規定	国持そのほか大名衆	御三家	老中・若年寄	
具足 弓 槍 長弓	3 領 3 張 3 本 3 振	主人証文にて家来印鑑を提出送手形と印鑑を照合	主人から中川番に家来印鑑を提出家来証文の提出送手形と印鑑を照合	家老から中川番に断わり，家老の内証文にて役人証文の提出送り手形と印鑑を照合（家来役人証文で通関の場合）家老から中川番に役人証文の提出送手形と印鑑を照合（通関後印鑑は返却）	家来印鑑送手形と印鑑を照合	
鉄砲の玉 塩硝 征矢 根矢 鉄砲合薬 硫黄 鉛	1 カ年に 100 99 貫目 100 100 49 貫目 99 貫目 99 貫目	（通関後印鑑は返却）主人から中川番へ断わり自分証文にて家来印鑑の提出送手形と印鑑を照合（定数以上の場合は老中証文にて通関）				
的弓 矢	20 張 80 筋	送証文（定数以上は主人断わり）		送証文（数量制限なし）		証文がなければ通関不可印鑑提出があればその合印で通関可

寄進武具類 　具足 　弓 　槍 　長弓	1領 2張 2筋 2振	送証文をとる				この外の武具類は員数に応じて通関可
刀・脇差	10腰迄	見分次第				
	10腰以上	証文を取り改め				証文のない場合は番所で証文を申付ける。番所に印鑑がない場合はその証文で通関可

(2)

通行者の別	数量制限				通関手続	備考
	持筒玉目9匁9分迄	持弓	具足	槍		
直参衆参勤時の持道具 御三家の家老 万石以上（大名）	3挺	持弓台2, 3組	3領	持槍長刀共8本	数量改め	10匁以上は持筒でも通関不可
陪臣 　御三家の家来 　諸家の家来	○			持槍1本長刀1本	（御三家）家老・（諸家）主人から中川番へ断わり人数に引き合せて通関 当番主人からの指示により通関	左の手続が無ければ通関不可
諸家の家来	3千石以上万石迄			8本	数量改め	人数不相応の場合は通関不可
	千石以上2千9百石迄			持槍3本		
家中の者に持たせて通関の場合		持弓1張	1領	持槍1本長刀1本	主人の数・分限に合わせて改め,通関可	

（御制札之写並改帳」より作成　加藤貴「中川番所の通関制度」（『国立歴史民俗博物館研究報告 67』1996 年所収）より引用加工）

第4章　恵み ― 商品・取引・文化

4-1　廻船で江戸を酔わせた上方の酒文化

　清酒が登場した江戸時代，上方で生産された清酒の大半が江戸で消費されており，この需要に応えるため，樽廻船で大量の酒を供給していました。

　ここでは，①江戸を潤す下り酒の人気の理由，②上方・江戸間の物流を支えた樽廻船，③江戸での下り酒の流通と消費，④江戸に根付いた酒文化について紹介します。

（1）　江戸を潤す下り荷物としての酒

上方から送られる「下り」荷物

　江戸には幕府や諸藩の武士のほか，町人も含め数多くの人が暮らしていました。こうした江戸で暮らす人々が必要とする物資は様々な場所から集められ，とりわけ上方からは多くの物資が供給されていました。

　上方から海路での輸送は，記録によると江戸時代の初頭である元和5年（1619）に，木綿・油・綿・酒・酢・醤油などの品物を堺（現在の大阪府）の商人が紀州（現在の和歌山県）の船を借りて，大坂から江戸へ送ったのが最も古いとされています。こうした遠隔地への物資供給を実現していたのは，菱垣廻船や樽廻船などの廻船でした。

　これ以降も米・糠・素麺・鰹節・砂糖・藍玉・蝋燭など，江戸の暮らしが豊かになるにつれて，上方から送られる物資は量・種類ともに増えていきました。こうした物資は，上方から江戸へ下ったという意味で「下り○○」といった呼ばれ方をしていました。

下り酒の人気の理由

　江戸時代の初期に上方で開発された清酒は，江戸で下り酒と呼ばれて人気でした。この下り酒の産地の中でも，摂津国（現在の大阪府・兵庫県の一部）にある大坂三郷・伝法・北在・池田・伊丹・尼崎・西宮・兵庫・今津・上灘・下灘と，和泉国（現在の大阪府南西部）にある堺は上質な清酒を生産し江戸へ向けて出荷することから，江戸積摂泉十二郷として知られていました。現在も兵庫県にある灘地域（西宮市・神戸市）は日本酒造りをリードする地として知られており，江戸時代以来の酒造りの歴史は，令和2（2020）年度に日本遺産に認定されています。

　さて，下り酒の人気を支えた質の高い酒を生産できた背景には，3つの理由がありました。

　第1の理由は，良質な米に恵まれていたことです。酒造りに適した米の特徴は，大粒であることや

中心部分が白く見える心白があることとされています。播磨地域をはじめとする兵庫県域は、江戸時代から酒造りに適した米の産地として知られており、摂津国の酒蔵は優れた酒米を手に入れやすい環境にありました。なお、昭和11年（1936）に兵庫県で開発され、現在でも酒米の王様とも称される山田錦はこの条件を満たしています。この山田錦が兵庫県で開発されたのは偶然ではなく、山田錦を生み出した播磨地域は、気候や土壌などの条件が揃うもともと良質な米の生産地だったのです。

また、こうした原料米を精米する際、一般的には足踏み精米という方法で精米されていましたが、この地域では水車を利用して精米を行っていました。水車精米の利点は、1つの水車に多数の臼を取り付けることで足踏み精米と比べて多くの米を精白することができるところです。現在の西宮市から神戸市にかけて、六甲山地から瀬戸内海に注ぐ河川の中流には数百もの水車が設置され、江戸積酒造業を支えていました。

第2の理由は、水です。酒造用水についても各地の酒蔵でそれぞれ吟味されていましたが、西宮の地下水である宮水の名はよく知られています。宮水には、酒のアルコール発酵を助ける成分が含まれる一方で、品質を落とす原因の1つである鉄分の含有量が少なく、酒造りに適しています。幕末の天保11年（1840）に灘魚崎（神戸市東灘区）の酒造家山邑太左衛門が、宮水の酒造適性に気づいて以降、2斗（約36リットル）入りの樽に宮水を詰め、小型の船に積んで主に灘方面に運び酒造用水として利用していました。その数は1年間に数万樽に及ぶことから井戸から水をくむのにも一苦労で、酒造りに忙しい酒造家の手には負えず水くみを専門とする水屋まで登場しました。

第3の理由は、酒造りの技術です。こうした良質な原料を使って酒造りを行う丹波杜氏たちの技術も、上質な下り酒を生み出すことに欠かせませんでした。冬の農閑期になると丹波国南部（現在の兵庫県丹波地域）から摂津国の酒蔵へ出稼ぎにやってくる丹波杜氏たちは、江戸の人々の嗜好に合わせた淡麗な味の酒造りや、酒造りの作業にかかる時間を短縮させたといわれています。

こうした良質な米と水が、優れた造り手の技術を経て、他の地域で造られる酒とは一線を画す質の高い酒となり、江戸の人々の人気を獲得していったのでした（図4-1-1）。

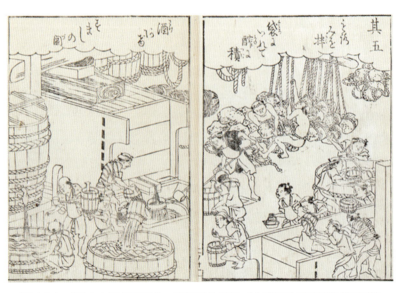

図 4-1-1 『日本山海名産図会』酒造りの様子（白鹿記念酒造博物館 所蔵）

（2） 江戸時代の物流を支えた樽廻船

樽廻船の輸送能力

　酒樽は当初，様々な荷物と共に菱垣廻船で江戸へ輸送されていましたが，享保15年（1730）から酒樽を専門に輸送する樽廻船が独立します。樽廻船は当初，紀州や地元摂津国の廻船を樽廻船として運用していましたが，江戸時代後期には酒造家自らが樽廻船を建造・所有するなど樽廻船経営に参入し，定着していきました。西宮の酒造家辰屋吉左衛門は幕末期に，辰吉丸（1,500石）・辰悦丸（1,600石）・喜悦丸（1,800石）・辰栄丸（1,650石）と，いずれも当時国内最大級の樽廻船を所有していました。この内，辰吉丸は2,700樽を輸送する能力を持っていたことが史料に記されていることから，大型の樽廻船は約2,500～3,000樽を一度の航海で輸送できたものと考えられます。このような樽廻船が，1年に5回程度上方・江戸間を往復することで，多い年で100万樽にも及ぶ酒樽の供給を可能にしていました。

樽廻船の所有形態

　では，当時国内最大級であった樽廻船の建造にはどれほどの費用が必要だったのでしょうか。前述の樽廻船辰吉丸を例に見ると，建造費は銀157貫722匁3分3厘と史料に記されています。これは酒造業で得られる数年分の利益に匹敵し，いかに資本力のある酒造家であっても大きな負担に違いありませんでした。さらに，一度海難事故に遭うと破船することもあり，極めてリスクの高い投資でもありました。そこで，樽廻船主は100％自己資金で樽廻船を建造するのではなく，他の酒造家などから出資を募りリスクを抑えていました。辰吉丸を建造する際は近隣の酒造家など20名が出資し，船主である辰屋吉左衛門の出資比率は25％にまで抑えられていたことがわかっています。

　出資する側の酒造家は，樽廻船が得た運賃収入から出資割合に応じた配当，あるいは利息収入が得られますが，最も魅力的だったのは荷物の積込みを保証する約定でした。出資の際に取り交わす「廻船加入証文」には，「御手酒積方之儀者何程荷耀之節ニ而も弐拾太宛無相違積入可申候」といった文言が盛り込まれ，どれほど積荷が多い場合であっても出資者の酒樽を少なくとも20駄（＝40樽）は積み込む旨を約定しています。このように1艘の樽廻船には，所有者・出資者双方の思惑から大勢の酒造家が関係していました（図4-1-2）。

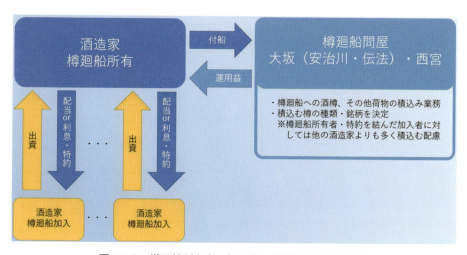

図4-1-2　樽廻船所有者・加入者・樽廻船問屋の関係図

表4-1-1は白鹿記念酒造博物館が所蔵する「樽廻船名前控」（図4-1-3）に記された元治元年（1864）3月時点の樽廻船78艘のリストです。これを見ると，樽廻船の所有者である船主の所在地は西宮・御影・魚崎などといった酒蔵地帯に多く見られます。そして，実際にはこのリストに掲載されていない酒造家も一部出資という形で多数参加しており，上方酒造家は自らの資本で江戸・上方間の酒樽輸送路を維持していたといえます。

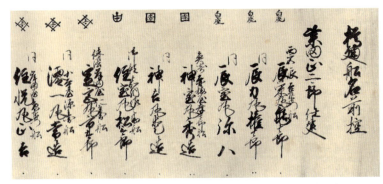

図4-1-3　樽廻船名前控（大坂樽廻船問屋，柴田正二郎分）
（白鹿記念酒造博物館 所蔵）

樽廻船への積込み

表4-1-1を見ると，全ての樽廻船が大坂の樽廻船問屋6軒と西宮の樽廻船問屋4軒のいずれかに所属していたことがわかります。これは樽廻船への荷物の積込みは樽廻船問屋が行うため，酒造家たちは建造した樽廻船を大坂・西宮の樽廻船問屋に所属させる必要があったためです。樽廻船に積み込む酒樽の種類や量も基本的には樽廻船問屋が差配していましたが，実際には廻船の所有者や出資者の意向が一定程度反映されて多く積み込まれる傾向にありました。もっとも酒造家側も樽廻船の海難事故リスクを鑑みて，1艘に極端な量の酒樽の積込むことを避け，様々な樽廻船に分散させていました。幕末期の辰屋吉左衛門の例では江戸積する数千樽を年間数十回〜百数十回に分け，1艘につき10樽程度〜約数百樽の範囲で積み込んでいました（図4-1-4）。

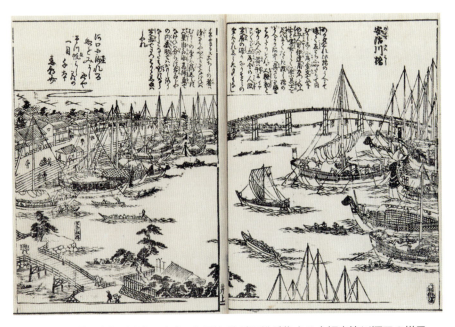

図4-1-4　『摂津名所図会』上方・江戸を結ぶ廻船が集まる大坂安治川河口の様子
（白鹿記念酒造博物館 所蔵）

表 4-1-1　樽廻船問屋が扱った船（船主，船名，船頭）

大坂の樽廻船問屋が扱った船

樽廻船問屋名	船主	船主の居所	船名	船頭名
柴田正二郎	辰吉左衛門	西宮	辰栄丸	亀十郎
	辰吉左衛門	西宮	辰力丸	権十郎
	辰吉左衛門	西宮	辰宝丸	弥八
	赤穂屋孝七郎	魚崎	神宝丸	秀造
	赤穂屋孝七郎	魚崎	神吉丸	愛造
	嘉納作之助	御影	住宝丸	松三郎
	岸田屋仁兵衛	伝法	定宮丸	市太郎
	小寺屋源兵衛	伝法	澪一丸	常造
	岸田屋惣右衛門	伝法	住悦丸	正吉
木屋市蔵	木屋市蔵	大坂	住吉丸	平五郎
	松屋又左衛門	大石	住吉丸	松太郎
	松屋甚右衛門	大石	観音丸	伊太郎
	岸田屋仁兵衛	伝法	住社丸	吉五郎
	堺屋庄之助	大坂	吉豊丸	芳蔵
	木屋又兵衛	大坂	住栄丸	福十郎
	松屋甚右衛門	大石	祇園丸	常八
毛馬屋五郎	日向屋善右衛門	兵庫	正吉丸	常六
	材木屋甚助	御影	喜悦丸	福太郎
	赤穂屋為助	魚崎	住幸丸	半太夫
	灘屋七郎平衛	不明	明栄丸	萬助
	毛馬屋彦太郎	大坂	正旋丸	彦十郎
	毛馬屋五郎	大坂	安旋丸	大五郎
	毛馬屋五郎	大坂	神旋丸	市次郎
	河内屋藤九郎	大石	住宝丸	秀五郎
小西新右衛門	岸田屋仁兵衛	伝法	神祐丸	市三郎
	岸田屋仁兵衛	伝法	住星丸	善之助
	岸田屋仁兵衛	伝法	住宝丸	弥三郎
	松屋甚右衛門	大石	辨財丸	伊兵衛
	梶屋重兵衛	兵庫	住力丸	善太郎
西田正十郎	千足利作	今津	福悦丸	利七
	山路十兵衛	魚崎	重力丸	十蔵
	大和屋徳造	御影	加吉丸	権次郎
	嘉納弥兵衛	御影	嘉福丸	増十郎
	嘉納弥兵衛	御影	嘉福丸	米十郎
	鍵屋与助	御影	宝珠丸	徳十郎
	鍵屋与助	御影	壽通丸	徳之助
	丸屋新兵衛	大石	栄龍丸	松兵衛
吉田亀之助	若林茂左衛門	石屋	神栄丸	正太郎
	沢田屋重右衛門	御影	永宝丸	萬助
	嘉納次郎作	御影	利渉丸	保次郎
	嘉納次郎作	御影	寶吉丸	松太郎
	嘉納次郎作	御影	利運丸	茂吉
	淡路屋善右衛門	兵庫	航栄丸	善太郎
	竹中文四郎	御影	亀福丸	半十郎
	吉田亀之助	大坂	天祐丸	久太夫
	吉田亀之助	大坂	寶積丸	善十郎

西宮の樽廻船問屋が扱った船

樽廻船問屋名	船主	船主の居所	船名	船頭名
藤田伊兵衛	辰与左衛門	鳴尾	辰栄丸	半六
	千足利作	今津	三社丸	権八
	問屋惣右衛門	池田	観妙丸	利十郎
	四井益太郎	西宮	伊豊丸	弥平
	八馬喜兵衛	西宮	光吉丸	金吉
	八馬喜兵衛	西宮	妙法丸	常吉
	八馬喜兵衛	西宮	好日丸	伊右衛門
	四井信助	西宮	嘉悦丸	一二郎
	四井信助	西宮	勢悦丸	勝六
	辰左衛門	西宮	辰悦丸	亀之助
	油屋金兵衛	御影	伊勢丸	保蔵
	油屋金兵衛	御影	三運丸	勢十郎
	若林与兵衛	稗田	安政丸	常助
枡屋吉次郎	大和屋徳造	御影	利吉丸	権九郎
	大和屋万右衛門	御影	金光丸	重太郎
	灘屋冨五郎	御影	住吉丸	冨五郎
	辰与左衛門	鳴尾	安全丸	與右衛門
	枡屋吉次郎	西宮	嘉吉丸	冨三郎
	枡屋吉次郎	西宮	清壽丸	三八
	枡屋吉次郎	西宮	徳栄丸	久右衛門
	千足甚左衛門	西宮	稲荷丸	百松
	千足甚左衛門	西宮	稲神丸	為次郎
	大津屋新十郎	兵庫	稲荷新造	若松
	讃岐屋市兵衛	神戸	神福丸	保吉
	辰半右衛門	鳴尾	福應丸	保次郎
辰権蔵	四井信助	西宮	歓悦丸	五六吉
	四井信助	西宮	喜悦丸	二三郎
	嘉納甚吉	御影	嘉宝丸	秀一郎
	材木屋孫一郎	御影	明宝丸	徳太郎
	辰半右衛門	鳴尾	辰丸	半兵衛
	辰半右衛門	鳴尾	壽栄丸	保太郎
塩屋孫助	嘉納欽	御影	嘉生丸	早太郎

樽廻船による年貢米輸送

上方から江戸へ大量の酒樽輸送を実現していた樽廻船ですが，実は酒以外の物流にも深く関わっていました。江戸へ送る酒樽の量が少なく樽廻船の輸送能力に余力がある場合，その他の「荒物」や「荒荷」と呼ばれる酒樽以外の物資を積み込んで江戸へ運んでいました。こうした樽廻船による酒樽以外の物資輸送は，本来その担い手である菱垣廻船の仕事を奪ってしまい，菱垣廻船の衰退の原因になったと考えられています。

このほか，幕府や大名領で収納された年貢米の輸送にも樽廻船は従事していました。幕府は全国各地に点在する領地で収納された年貢米を江戸や大坂の蔵へ運ぶ必要がありました。また，諸大名たちも国元で収納した年貢米を大坂で売り捌いたり，江戸藩邸へ物資を運んだりする必要がありました。しかし，いずれも自前の輸送手段を持っていなかったため樽廻船に輸送を委託していました。樽廻船が選ばれた理由には，富裕な酒造家の出資により老朽船が少なく大型で頑丈なことから，比較的安全に米などの荷物を輸送できるという期待がありました。

一方，樽廻船が酒樽以外の荷物の輸送を請け負っていた理由は，樽廻船の経営が関係しています。主たる業務である酒樽輸送の際に得られる運賃収入は，樽廻船主でもある一方で酒樽の荷主でもある酒造家たちの会議で決定され，その水準は安価に設定されることがほとんどでした。そのため酒樽輸送だけでは樽廻船の経営は難しく，高い運賃が得られる幕府・諸大名の荷物輸送は魅力がありました。

辰屋吉左衛門所有の樽廻船も，越後・佐渡・出羽庄内・丹後といった日本海側の他，九州や東北へも航海していた記録が遺っています。しかし，酒樽輸送の繁忙期である春・秋を避けた夏・冬に慣れない航路を進んでいたこともあってか海難事故に遭ってしまうこともしばしばありました。

江戸・上方間の航海

ここでは，安政7年（1860）2月20日に大坂を出港して江戸へ向かう樽廻船喜悦丸の航海の記録を見てみましょう。

2月20日	大坂を出港。
2月21日　早朝	神戸浦に到着。22日は雨のため神戸浦に留まる。
2月23日16時	神戸浦を出港。
2月24日　2時	紀伊国加田の瀬戸を通過し大嶋（現 串本町）沖を走る。
2月25日	同国新宮沖を通過。
2月26日14時	志摩国的矢湊（現 志摩市）に到着。27・28日は雨，29日・晦日は東風のため留まる。
3月　1日　朝	的矢湊を出発するも東風に遭い波も高く2日朝的矢湊に出戻り。
3月　4日　朝	再び的矢湊を出港。
3月　6日　朝	東風に対して間切り走りで対応しながら，伊豆国須崎湊（現 下田市）に到着。
3月　9日　朝	須崎湊を出発し夕方に相模国浦賀に到着。
3月10日　8時	浦賀を出発。
3月10日14時	江戸湾品川に到着。

喜悦丸の上方から江戸への航海は約20日間に及びました。前半の神戸から伊勢国までの航海は比較的順調に推移しましたが，志摩国的矢湊から伊豆国へ向かう航海は幾度も天候に阻まれています。樽廻船は，帆船のため強い逆風に遭うと前進が難しく，風浪により港での滞船を余儀なくされることもしばしばありました。それでも「間切り走り」と呼ばれる逆風に向かってジグザクに進む操船技術

や経験値の蓄積等により，江戸時代初期には1カ月程度要していた江戸・上方間の航海日数も次第に短縮されていったと考えられています。

航海の担い手と規則

ここでは樽廻船を操る乗組員について見ていきましょう。幕末期の樽廻船の規模では船頭以下船内の雑用を行う 炊 まで，合わせて約15名が乗船していました。喜悦丸の例のように上方から江戸への航海は約20日にも及ぶため，酒樽等の積荷以外に航海中に必要な生活物資も積み込まれていました。例えば，辰吉丸の文久元年（1861）11月の上方から江戸への航海では，出港時に米・味噌・香の物・醤油・酢・茶・塩・小豆・大豆・酒・蝋燭・剃刀・包丁・縄が生活物資として積まれ，その他の必要な食料などは風待ちで寄港した際に買い足していました。

次に樽廻船の乗組員に課せられた規則から，航海中の様子を見てみましょう。白鹿記念酒造博物館が所蔵する「取締書附之事」という史料には，乗組員が守るべき12箇条が記されています。例えば勤務時間について，「湊ニ滞船仕候節是迄者昼飯限仕事相休候得共，向後者七ッ時迄仕事可致候事」という条文があります。これは風や天候が好転するまでの間港に留まる際，昼食時を超えて16時迄は出港に備えるよう促すものです。このほか，「鳥羽的矢豆州下田其外於浦ニ朝酒盛一切致間敷候事」と，志摩国的矢湊や伊豆国下田湊の他風待ちで寄港する港で，朝から宴会を開いて酔うことを禁じた条文などがあり，このように酒にまつわる禁止事項は12箇条の内4箇条に及びます。航海技術の進歩等により，江戸・上方間の航海に要する日数は減少する一方で，航海の遅延が乗組員の宴会に起因することも多かったのかもしれません。酒造家たちにとっては，時間の経過と共に酒の品質が損なわれることも多く，早く江戸で売り捌きたいという思惑から，こうした規則を課していたものと考えられます。

（3） 江戸における下り酒の流通

下り酒問屋

上方から輸送された酒樽は，どのようにして消費者のもとへ届けられたのでしょうか。樽廻船が江戸品川沖に到着すると，浅瀬に乗り上げないように喫水の浅い小型船に酒樽を積み替えます。そして，江戸での酒の販売を担っていた下り酒問屋が集まる新川や茅場町に運ばれました。下り酒問屋の繁栄ぶりを描いた『江戸名所図会』や錦絵などにも，小船で酒樽を運ぶ様子が描かれています。その後，新川で下り酒問屋によって小船から酒樽が水揚げされると蔵に納められ，仲買・小売へ販売されて消費者のもとへ届けられます。

酒樽には樽廻船での輸送時に木樽が破損しないように菰が巻かれていましたが，そこには銘柄や宣伝文句が記されていました。こうした銘柄のデザインは仲買衆の購買意欲にも関係するため，江戸下り酒問屋と上方酒造家の間で相談して決定していました。

また，酒の銘柄は絵画史料によく登場する剣菱印以外にも，実際には様々な銘柄が流通していました。例えば辰屋吉左衛門は主に白鹿印を生産していましたが，他にも「豊年」「文蝶」「鱗」「鹿」「江都花」「あゝ嬉」「白虎」「吉辰」「江戸一」「白鷹」「歓悦」「辰泉」といった印で出荷していたことがわかっています。これは，「辰泉」は高橋門兵衛，「あゝ嬉」は千代倉宗兵衛といったように，送り先の下り酒問屋ごとに異なる銘柄を出荷する傾向にあったためです。同じ白鹿印であっても，鹿島利右

衛門と小西利右衛門へは異なる字体を用いており区別していました（図4-1-5）。

この他，菰に記されていた宣伝文句には様々なものがあり，「吟造」など丁寧に造った酒である事などが表現されています。中には「西宮水」と書かれた判を押して，良質な原料である宮水を使った酒であることをアピールするものもありました。

銘柄意匠：
辰泉（高橋門兵衛）

銘柄意匠：
白鹿（鹿島利右衛門）

銘柄意匠：
白鹿（小西利右衛門）

図 4-1-5　酒の銘柄の意匠（白鹿記念酒造博物館 所蔵）

下り酒の価格と販売状況

酒樽の販売価格は，下り酒問屋から上方酒造家へ販売実績を報告するために作成された史料から知ることができます。万延元年（1860）の白鹿印の酒樽の取引では，4月の取引で20樽を金22両，1樽（4斗樽で中身はおおよそ3斗5升入）あたり1両余りで販売していました。その後，価格は上下しながら推移し，11月の取引では20樽を30両で販売しており4月と比べて割高となっていました。このような酒の価格変動は，江戸の人々の需要・米その他の物価・樽廻船の運航具合による在庫量など様々な要因が影響しています。

こうした江戸での酒販売に関して，江戸下り酒問屋からは様々な内容の書状が送られています。例えば，辰屋吉左衛門の白鹿印を取り扱っていた江戸下り酒問屋鹿島庄助は書状に「追々世上陽気立可申，殊ニ当来月者神田御祭禮ニ候間酒抜群之捌増可有之奉存候」と記し，神田祭開催時に販売状況が良くなる予想を伝えて出荷を促しています。反対に，悪天候による人出の減少等を理由に苦戦している旨が報告されることもしばしばでした。この他，幕末のペリー来航時は，江戸の人々が様々な噂に惑わされ，酒の販売が減少するといった当時特有の事情が酒の販売に影響していたことも書状に記されています。このように，江戸下り酒問屋から送られる情報を頼りに，上方酒造家は酒の供給量を調整していました（図4-1-6，図4-1-7）。

図 4-1-6　下り酒問屋　鹿島庄助からの書状
（白鹿記念酒造博物館 所蔵）

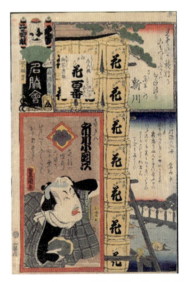
図 4-1-7　『江戸の華名勝会 千 二番組』
（白鹿記念酒造博物館 所蔵）

販売された酒の代金は，江戸から上方酒造家へ送金されます。ただし，売り上げから下り酒問屋の収入となる「蔵敷・口銭」（販売手数料）として販売代金の6％，他に樽廻船から酒樽を陸に揚げる経費が差し引かれます。送金には為替を使う場合と為登といって現金そのものを飛脚や上方に帰る樽廻船に預けて送る方法がありました。支払いは小売りや仲買からの集金後となるため，江戸からの送金はしばしば遅延し，上方酒造家の経営を圧迫することもありました。

（4）　下り酒に酔いしれた江戸の人々

江戸での酒の楽しみ方

　多くの下り酒が江戸にもたらされたことで，自然と酒の楽しみ方が江戸の文化として根付いていくようになります。

　江戸時代後期に刊行された草双紙や錦絵には，食事や飲酒をする情景が様々に描かれており，当時利用されていた酒器について知ることができます。たとえば，現在でも一般的に利用されている陶磁器で作られた徳利や猪口，そして現在では見かけない盃洗と呼ばれる酒器がよく描かれています。これらの酒器について，江戸時代後期に江戸と上方の風俗を記した『守貞謾稿』には，「江戸，近世，式正ニノミ，銚子ヲ用ヒ，略ニハ燗徳利ヲ用フ。燗シテ，其侭宴席ニ出スヲ専トス。」と記され，従来利用されてきた漆器や鉄銚子に替わって，陶磁器製の徳利が江戸で広範に燗酒を飲むときに利用されていたことが紹介されています。

　この燗酒については，草双紙の『教草女房形気』に，火鉢で沸かしたお湯に燗徳利を入れて酒を温めている様子が描かれ，当時の利用方法について具体的に知ることができます。盃洗は水を入れた鉢のような物で，酒を酌み交わす際に自らが飲んだ盃や猪口を鉢に溜めている水で洗って相手に渡したり，『江戸の花名勝会　り　十番組　浅茅が原』に描かれているように，猪口を浮かべて楽しんだりしていたと考えられています。このように，酒器にも様々な工夫が施されるようになっていました（図4-1-8，図4-1-9）。

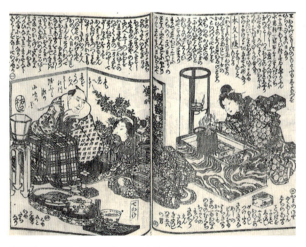

教草女房形気（燗徳利）右の女性が火鉢で沸かしたお湯に徳利を入れて酒に燗をしています。

図4-1-8　『教草女房形気』（燗徳利）
（白鹿記念酒造博物館 所蔵）

上部に徳利と盃洗が描かれています。

図4-1-9　『江戸の花名勝会 り 十番組』
（白鹿記念酒造博物館 所蔵）

酒器以外の工夫としては，『東海道中膝栗毛』の作者として知られる十返舎一九が，『手造り酒法』を刊行し，酒と蜜柑の汁とを混ぜ合わせて飲む等といった酒のアレンジ方法を紹介しています。このように，江戸時代後期には，酒の楽しみ方は多くの分野に広がりを見せていました。

酒にまつわる刊行物

こうした江戸での飲酒文化の浸透は，酒にまつわる文学作品をも生み出すきっかけとなりました。

酒を飲み過ぎるとどうなるのかを題材とした滑稽本に『つきぬ泉』や『無而七癖酩酊気質』があります。どちらの作品も，酒に酔うと現れる癖を題材としています。この癖にも様々な種類があり，たとえば「為強上戸」「多言上戸」「くどい上戸」「こごと上戸」等が挙がっています。この内，一例を紹介すると，「笑ひ上戸」については，「実のわらひ上戸は，おかしくもあらぬことを腹をよらして笑ひ入，ほとんどわらひ中風といふ病の如く自留所なきをいふなり」といったように，いずれの酒癖についても辛辣に，しかしユーモアを交えて紹介されています（図4-1-10）。

この他にも，酒やその他の食物を擬人化して戦わせるユニークな作品も遺されています。その１つが「酒餅論」です。これは酒と餅（菓子）を擬人化し，それぞれが長所を主張して争いとなる様が描かれています。登場人物の出で立ちや名前は，酒・餅の銘柄・種類や産地をもじった設定にし，最終的には米が原料であることから和解するという内容で描かれています。このような作品からは，下り酒が江戸に受容され，文化として定着している様子を感じることができます。

図4-1-10 『つきぬ泉』笑ひ上戸（白鹿記念酒造博物館 所蔵）

【参考文献】

(1) 柚木学『近世灘酒経済史』ミネルヴァ書房（1965年）
(2) 柚木学『近世海運史の研究』法政大学出版局（1979年）
(3) 石井謙治『和船Ⅰ ものと人間の文化史 76-I』法政大学出版局（1995年）
(4) 成瀬晃司「江戸における日本酒流通と飲酒習慣の変遷」（江戸遺跡研究会 編『江戸文化の考古学』吉川弘文館（2000年））
(5) 畑有紀「「酒餅論」をめぐる江戸後期の酒と菓子」財団法人たばこ総合研究センター助成研究報告（2014年）

第4章　恵み─商品・取引・文化　**129**

4-2　上州からの「山の幸」─利根川で結ぶ江戸

　戦国の世が終わり，江戸が政治・経済の中心地として発展すると，江戸には多くの人が集まるようになり，それに伴い多くの物（物資）も必要になりました。このことから，陸上交通よりも大量に，安全に，安価に運ぶことのできる水上交通が発達していくこととなります。

　ここでは，①水陸交通の要衝としての上州（上野国，以下上州で統一），②利根川水運と河岸の発展，③利根川水運の河岸と山の幸，④利根川水運がもたらした「恵み」について紹介します。

（1）　水陸交通の要衝としての上州

近世初頭の上州と江戸

　豊臣秀吉の家臣という立場であった徳川家康が天正18年（1590）に関東に入国すると，上州は利根・吾妻両郡を除き，家康の領国となりました。上州以外は伊豆・相模・武蔵・上総・下総及び下野の一部を所領としましたが，その周囲を豊臣系の大名に囲まれていたことから，江戸周辺には少禄の家臣を置き，その外郭には北条氏が支配していた支城を中心に重臣を配して重層的に守備を固めました。

　領国周辺には，駿河に秀吉子飼いの中村一氏，甲斐は豊臣秀次の弟 秀勝，信濃佐久郡は小田原攻めの功により九州攻めの失敗を許された仙石秀久，信濃小県郡と上州利根・吾妻両郡は真田昌幸・信幸父子，越後・佐渡・出羽庄内・北信濃四郡は上杉景勝，会津地方には蒲生氏郷，下野那須郡には所領を没収された那須氏を除く那須衆，下野河内郡を中心とした宇都宮周辺には鎌倉以来の名門宇都宮国綱，下野の一部と常陸には佐竹義宣がいました。常陸南西部の下妻には結城晴朝から独立した多賀谷重経，下総の結城には家康の次男で秀吉の養子となり，再度，養子となって結城晴朝から家督を相続した結城秀康，南の安房には里見義康が館山城を本拠としていました。このように，領国周辺を豊臣系の大名に囲まれた家康でしたが，諸将の配置に注目してみると上州の地理的重要性を見出すことができます。

　上州には箕輪城に井伊直政（12万石），館林城に榊原康政（10万石）という10万石以上の所領高を有する家臣が2名配置されました。これは，家康の領国の中では他に武蔵忍の松平忠吉（12万石）[1]と，上総大多喜の本多忠勝（10万石）を合わせた4名しかいません。『徳川幕府家譜』によれば，忠吉が忍に入城したのは文禄元年（1592）2月のことで，それまでは『家忠日記』で有名な松平（深溝）家忠が1万石で配されていることから，家康の関東入国時には10万石以上の家臣は実質3名であり，そのうちの2名が上州に配されていることになります。大身の家臣が東上州の館林と西上州の箕輪に置かれたことは，いかにこの地が軍事的にも地理的にも重視されていたかを証明しています。その他にも，東西上州の繋ぎ役として厩橋に平岩親吉（3.3万石），藤岡に松平（依田）康真（3万石），信濃へのルートにあたる小幡に奥平信昌（3万石），白井に本多康重（2万石），大胡に牧野康成（2万石），吉井に菅沼定利（2万石）が宛行われるなど，家康の信頼が厚い諸将が数多く配置されました。近世初頭の上州は政治面・軍事面において，特に，関ヶ原合戦で家康が勝利するまでの10年間は江戸を守備するうえで非常に重要な地であったといえます。関東全体の中においても，他と比べて領国の最前線基地としての役割を果たしてきた「江戸北辺の守りの地」であったのです。しかし，戦乱が収まり幕藩体制が整備されて江戸が確固たる政治・経済の中心地になっていくと，物資を中継・供給す

る経由地へと変化していくことになります。戦時を想定して整えられてきた小田原を中心とする北条氏の伝馬制度は，徳川の時代になると幕領からの城米，諸大名や旗本の年貢米，各地の特産物・商品作物等を江戸へと運搬するためのシステム，交通網へと発展的に変化していくこととなるのです。

幕府の関所政策と上州の水陸交通

全国を統一した江戸幕府は，寛永 12 年（1635）の武家諸法度において「道路駅馬舟梁等無断絶，不可令致往還之停滞事」「私之関所，新法之津留，制禁之事」[2] と定めました。これは，全国的交通網の把握と円滑な運用を推進するためでした。また，幕府は関所設置権を独占しましたが，その主な目的は，言うまでもなくその権力基盤である関東，特に江戸での反乱を未然に防止するため[3] でした。江戸幕府はいわゆる「入り鉄砲に出女」を厳しく取り締まり，諸大名の謀叛の動きを監視するとともに，武家諸法度等の法令を制定することで，諸藩に対して政治的にも軍事的にも有利な立場を保持しようと努めたのです。このようにして，江戸幕府は主要道である五街道と脇往還を張り巡らせ，江戸を中心とする全国的な陸上交通体系を築き上げましたが，幕府の関所政策は家康の関東入国以降「江戸北辺の守りの地」としての役割を果たしてきた近世の上州にどのような変化をもたらしたのでしょうか。

幕府は，峠や河川，湖沼などの交通の要衝に関所を設置し，江戸から京都までの間に合計 53 カ所を集中して配しました。江戸の東側は，利根川・江戸川を利用して下総の関宿や武蔵の房川渡中田（栗橋）などの川関所を配しました。それに対し，江戸の西側には関東山地が南北に連なっています。その山々の東側にあたる地域に相模の箱根や武蔵の小仏，上州の碓氷などの関所を設置し，重要視しました。さらに，その西側の中部日本には，南から浜名湖，中央から北には木曽山脈や飛騨山脈がそびえており，遠江の今切（新居），信濃の木曽福島，越後の市振など，列島を縦断するように遠江から信濃，越後へと南北に配しました。このように，幕府は河川や湖，山々などの自然の要害を巧みに利用して，重層的に江戸の守りを固めました。「江戸北辺の守りの地」である上州には，さらに集中して関所が置かれており，その数は全国一の 14 カ所にのぼります。延享 2 年（1745）の「諸国御関所覚書」[4] 及び「諸国御関所書付」[5] には，全国 53 カ所の関所が「重御関所」20 カ所と「軽御関所」33 カ所に分けられていますが，上州の関所はそのうち 7 カ所が「重御関所」にあたります。これは，この地に多くの人や物の移動があったことを示しています。その 1 つの例として，信州街道の大笹と草津道の狩宿の両関所が挙げられます。

この 2 つの関所は，江戸時代において最も遅い寛文 2 年（1662）12 月に設置されました。なぜ，この時期に新たに関所が設置されたのでしょうか。寛文期は幕藩体制が安定期に入り，河村瑞賢によって東廻り・西廻り海運が整備されて江戸・大坂の二大消費地への流通機構が整っていった時期です。大笹関所のある信州街道は須坂・松代・飯山の北信三藩の廻米や煙草・穀類・豆類・水油・酒などの荷物が江戸へ，関東筋からは茶荷物などが運ばれました[6]。中世以来の名湯として知られる草津温泉へ至る狩宿関所が設置される草津道についても，幾筋かのルートが形成されている[7] ことから，この両関所の設置は上州の地において人や物の往来が活発化していたことを示しているといえます（図 4-2-1）。

このように多くの関所が設置された近世の上州は，東に徳川家康が祀られる日光や御用銅を産出する足尾，北に豊富な金銀を産出する佐渡が位置する江戸との中間点にもあたっており，五街道の 1 つである中山道の他にも日光例幣使道や足尾銅山街道，三国街道などの重要幹線が縦横に通っていました。また，庶民の道として物資の輸送が盛んだった信州街道や下仁田道などの脇往還も発達しました。

さらに，上州には中央を貫き，武蔵との国境沿いを東へと流れる日本有数の河川である利根川が流れています。その利根川流域には川の港である河岸が数多く存在し，陸上交通の発達した上州は，その両者が密接に結節する多くの人と物が行き交う地でした。このことから，幕府は江戸の守りを固めるために上州に多くの関所を設置しました。物流が活発になる寛文期以降，政治・経済の中心地である江戸を支える防衛・流通の要地として，上州は重要な役割を果たしたのです。

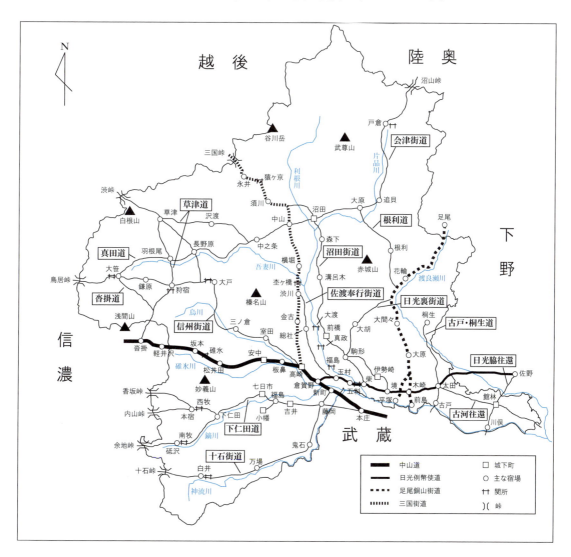

図4-2-1　近世上州の主な街道と関所（出典：中山剛志「交通史から見る近世上州と関東の地域性」（「群馬県立歴史博物館紀要」第35号））

4つの川関所

　前述のように，江戸時代の上州は中山道や日光例幣使道などの幕府道中奉行管轄下の重要幹線が通り，庶民の道として物資の輸送が盛んであった信州街道や下仁田道などの脇往還も含め，山間の地域にまで陸上交通が縦横に発達していたことが確認できます。全国一の数である14カ所の関所が設置されましたが，その中でも五料・福島・真政・大渡の4関所は，陸路ではなく利根川沿いに設けられ

た川関所でした。川関所は，街道が河川を横断する際に，街道を往来する人馬荷物を監視すると同時に河川を運航する船舶を監視する目的で設置され[8]，渡船場も併設されていました。以下にこの4関所の概要を記します。

　五料は，那波郡五料村（群馬県佐波郡玉村町五料）に位置し，元和2年（1616）に利根川右岸に設置された関所で，日光例幣使道では唯一の関所です。同村内は宿場が発達するとともに

図 4-2-2　五料関所跡（著者撮影）

五料・新・川井の3つの河岸場も置かれ，また，対岸の柴宿とを結ぶ渡船場も併設されていたことから，当関所は交通の要衝として非常に重要な役目を担っていました。現在でも2つの門柱の礎石と井戸跡が残っており，当時の面影を今に伝えています（図 4-2-2）。

　福島は，那波郡福島村（群馬県佐波郡玉村町福島）に元和2年（1616），利根川左岸に設置されました。ここに併設された渡船場は，前橋城下から日光例幣使道の玉村宿を結ぶルートとして重要でした。

　真政は，群馬郡六供村（群馬県前橋市南町）に元和2年（1616），利根川左岸に設置された川関所で，崖下には対岸の佐渡奉行街道沿いに位置する小相木村（群馬県前橋市小相木町）へと渡る渡船場がありました。

　大渡は，利根川左岸の勢多郡岩神村（群馬県前橋市岩神町）に元和2年（1616）に設置された川関所です。利根川増水時には破船や溺死者が多く，対岸の大渡村（群馬県前橋市大渡町）へと渡ることは非常に困難な交通の難所でした。こうしたことから，同所には安政5年（1858）に刎橋である万代橋が架けられ，安全に利根川を渡ることができるようになりましたが，この万代橋もまた暴風雨のため文久3年（1863）に流失してしまっています。

　このように，利根川沿いに4つの川関所が設置されていた上州には，片品川や吾妻川，烏川，碓氷川，鏑川，神流川などの多くの河川が流れています。その特徴は，全て上州内で利根川に合流するところにあります。上州国内を流れる主要な河川を一手に集める利根川は，内陸関東と江戸とを密接に結びつける河川交通の大動脈として，大きな役割を果たしました。この利根川を通して上州に集まった様々な物資は，江戸をはじめ各地へと運ばれていきました。

(2) 利根川水運と河岸の広がり

利根川水運の発展と河岸

　江戸時代の主要な貨物輸送手段は，水上交通でした。幕府は全国各地の幕領の年貢米を江戸へと円滑に運搬するため，河村瑞賢に命じて東廻り・西廻り海運の整備を進め，寛文12年（1672）には廻船による輸送システムを確立させました。そして，江戸と大坂を結ぶ南海路も発達して二大都市が密接に結びつくようになると，江戸幕府の安定もあって，商人による貨物輸送もさらに活発となっていきました。

一方で，内陸地と江戸・大坂の二大消費地を結ぶ河川の整備も進められていきました。角倉了以などの活躍によって，富士川や天竜川，高瀬川の開削が進展し，関東地方においても利根川東遷事業が承応3年（1654）に完成しました。内陸にある関東各地の生産拠点と消費地としての江戸が河川交通によって結ばれ，海運の整備とともに寛文期には大消費地への流通機構が整っていきました。

内陸地の幕領や旗本領，各藩主の城米・年貢米を輸送するために，東は江戸と繋がる利根川，西は大坂と繋がる淀川に多くの河岸が成立しました。米を陸路で運ぶには，通常は重量制限により馬や牛に2俵までとされていたため，宿継ぎ（宿場で荷物を積み替えること）の際には荷崩れも多く発生することから，可能な限り近い場所で船に積み替えることが求められました。大量の荷物を安全に安価に遠方まで運ぶために，河川の流域の内陸地には河岸が発達しました。

こうした水上交通の発展に伴い，幕府は江戸までほぼ同一距離でありながら河岸や湊によって運賃がまちまちであった点を是正するとともに，その実態把握を行いました。その調査結果が元禄3年（1690）の「関八州伊豆駿河国廻米津出湊浦々河岸之道法并運賃書付」[9]（以下，「運賃書付」）です。河岸側には，その調査における同年の「国々所々御城米運賃改帳」[10]（以下，「運賃改帳」）が残っています。この2つの史料に記載された関東地方の河岸を調べると，元禄年間には86カ所あったことがわかります。この時の幕府の調査では把握されていない河岸も含めると，江戸時代を通じて関東地方には200カ所もの河岸が存在していたことが確認できます（図4-2-3）。江戸と内陸部を，河川が結びつけていたのです。

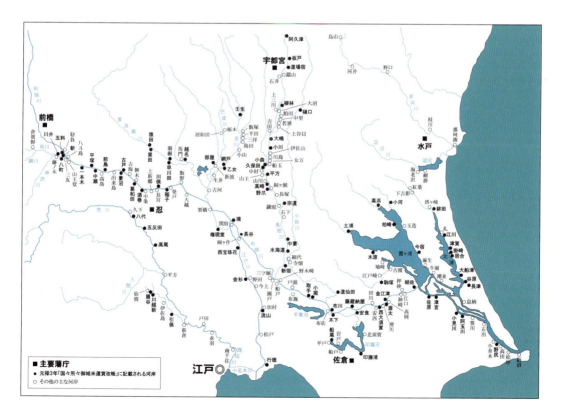

図4-2-3　関東地方の主な河岸分布（出典：中山剛志「交通史から見る近世上州と関東の地域性」（「群馬県立歴史博物館紀要」第35号））

城米・年貢米輸送の集散地と北関東における河川交通

　前述のように，関東地方には江戸への物資輸送を担う多くの河岸がありましたが，陸上交通における宿場もまた，人と物が集まる場所として重要な役割を果たしていました。北関東の上州と下野国は，内陸における水陸交通の要衝であったといえますが，その中でも宿場と河岸が結節した地こそが，江戸時代の物資の集散地として特に重要だったのではないかと考えます。そこで，近世交通史研究における基礎資料である天保14年（1843）の「宿村大概帳」[11], [12], [13] を活用し，陸上交通における宿場に視点を置き，城米・年貢米輸送にも着目して河岸と結節した具体的な地を探ります。

　「宿村大概帳」には，五街道及びそれに付属する美濃路・佐屋路・本坂通・山崎通・日光御成道・壬生通・例幣使道の各宿と水戸佐倉道の幕府管理下の3宿を合わせた235宿の宿高や戸口，本陣の規模や旅籠数などの詳細な情報が記載されています。一方で，水上交通については，「運賃書付」及び「運賃改帳」に記載された86カ所の河岸の他に，「運賃書付」には38カ所の湊と浦が記載されており，元禄期においては合計124カ所の河岸・湊・浦を幕府は把握，公認していました。この235宿と河岸・湊・浦の124カ所を付き合わせることで，水陸交通の結節点を見出していきます。

　まず，米の津出しを担っていた宿場を街道ごとにまとめました（表4-2-1）。東海道は岡崎・枚方以外は太平洋沿いの湊であり，中山道から水戸佐倉道の宿場は全て河岸です。太字の宿場は，河岸に関連する特記事項が記載されていることを表しています。中山道の倉賀野は，例幣使道の起点でもあることから「日光例幣使道宿村大概帳」[14] にも宿場としての記録がありますが，河岸に関連する記載はなかったため例幣使道の欄ではカッコ付で表記してあります。山崎通・佐屋路[15] は該当する宿場はありませんでした。

　次に，複数の宿場から城米・年貢米が輸送される河岸と湊を街道ごとにまとめました（表4-2-2）。東海道の熱田と中山道の大垣はそれぞれ美濃路の宿場から，例幣使道の栃木は壬生通から，壬生通の壬生は日光道中の宿場からも運び込まれていることから，その街道筋からは1カ所のみでも列記しました。河岸・湊名に付した下線は，表4-2-1と重複する宿場であることを示しています。これは，その宿内や近辺に河岸や湊が位置する宿場であるということです。なお，例幣使道の新河岸は，「4つの川関所」内で述べたように，五料宿内の河岸です。

　最後に，複数の宿場から城米・年貢米が輸送される宿内や近辺に河岸または湊がある宿場について，国ごとに整理しました（表4-2-3）。この中で，内陸に位置する宿場に着目すると，上州の倉賀野・五料，下野の栃木・壬生，甲斐の石和，美濃の起・大垣の7宿が挙げられます。これら7宿に集められた米は，どのようなルートで江戸へと運ばれたのでしょうか。石和に運び込まれた米は，笛吹川を下って駿河の清水へ運ばれます。起は木曽川を，大垣は水門川から揖斐川を下って両者とも伊勢の桑名へと運ばれていきます。つまり，この3宿に運ばれた城米・年貢米は，最終的には太平洋まで出て海路で江戸へと運ばれていくことになります。結果的に美濃は桑名，甲斐は清水がその集積地になっていたと考えられます。上州と下野の場合は，隣接した河川から最終的には利根川へと繋がり江戸へと至る川筋を通ることとなります。江戸が位置する武蔵の隣国である甲斐の石和がわざわざ太平洋まで出なければならなかったのに対し，倉賀野・五料・栃木・壬生の4宿は河岸と結節し，江戸まで川路一本で繋がっていたのです。この点に，北関東の河川交通の特徴があるといえます。

第4章 恵み─商品・取引・文化　**135**

表 4-2-1　米の津出しを担っていた宿場（街道ごと）

街道名	合計宿数	宿場名
東海道	57宿	品川，神奈川，小田原，沼津，舞坂，新居，岡崎，熱田，枚方
中山道	67宿	新町，**倉賀野**，河渡，赤坂
日光道中	21宿	千住，**栗橋**，**古河**，小山
奥州道中	9宿	白川
甲州道中	32宿	石和
美濃路	7宿	起，墨俣，大垣
本坂通	3宿	三ヶ日
例幣使道	14宿	（**倉賀野**），五料，柴，簗田，栃木
日光御成道	5宿	岩淵，川口，岩槻
壬生通	7宿	**飯塚**，**壬生**
水戸佐倉道	3宿	新宿，松戸

表 4-2-2　複数の宿場から城米・年貢米が輸送される河岸と湊（街道ごと）

街道名	河岸・湊名
東海道	清水7，焼津3，御馬3，矢橋3，神奈川2，川崎2，新居2，岡崎2，八幡2，熱田1
中山道	**倉賀野**5，米原4，大垣3，平方2
日光道中	半田2，**壬生**1
奥州道中	阿久津5，黒羽2
甲州道中	石和3，鰍沢3
美濃路	起2，熱田1，大垣1
例幣使道	栃木3，新2，越名2，馬門2
壬生通	**壬生**2，栃木1

表 4-2-3　複数の宿場から城米・年貢米が輸送される宿内や近辺に河岸または湊がある宿場（国ごと）

国名	宿数	宿場名
陸奥	1宿	白川
上州	4宿	新町，**倉賀野**，五料，柴
下野	5宿	小山，簗田，栃木，**飯塚**，**壬生**
下総	2宿	**古河**，松戸
武蔵	8宿	品川，神奈川，千住，**栗橋**，岩淵，川口，岩槻，新宿
相模	1宿	小田原
甲斐	1宿	石和
駿河	1宿	沼津
遠江	3宿	舞坂，新居，三ヶ日
三河	1宿	岡崎
尾張	1宿	熱田
美濃	5宿	河渡，赤坂，起，墨俣，大垣
河内	1宿	枚方

河岸から見る上州と下野国の相違点

多くの宿場と河岸を有し，江戸まで川路一本で繋がっている北関東の上州と下野ですが，では両国に相違点は見出せるのでしょうか。図4-2-3で4宿の位置と国全体に注目すると，その地域性から浮かび上がってくるものがあります。それは河川の流路です。上州を流れる河川は，鏑川と神流川を合わせた烏川が利根川へと合流して1つの流れとなっていきますが，下野の場合は渡良瀬川・巴波川・思川・鬼怒川・小貝川などが，単独に幾筋も存在します。下野は河川を通じて様々な江戸へのルートがあるのに対し，上州の場合は利根川一本に帰一するのです。その例として，上州は信州諸藩の城米・年貢米は倉賀野へ，前橋・沼田藩の米は川井・新・五料河岸へと集まり利根川を下りました。一方，下野の場合，壬生藩は黒川から思川を経て利根川へ，東北諸藩の廻米は鬼怒川の阿久津河岸から久保田もしくは山川河岸まで運んだ後に下総の境河岸まで陸送し，そこから再度船積みして利根川・江戸川を経て江戸へというように，廻米ルートを見ると両国の違いが見て取れます。

以上のように，津出し河岸・湊と道中奉行管轄下の重要幹線諸街道の宿場を通し，その結節点を探ってきましたが，上州の倉賀野や下野の壬生などは，同じ内陸の河岸である石和・起・大垣とは違い，東海道筋の清水や桑名などの太平洋に面する湊と同じ役割を果たしていたことがわかりました。北関東という地域において，諸産業が発達し物流が活発になる元禄期以降，上州と下野は河岸を通してターミナルの役割を果たし，江戸と繋がっていたのです。上州にとっては，利根川は江戸と一本の道で結びつく物流の重要な大動脈だったのです。

（3） 利根川水運の河岸と山の幸

江戸と直結する倉賀野河岸

前述のように，上州の河川交通は利根川を通して江戸と直接に繋がっていました。その利根川水運の最上流河岸であったのが，利根川の支流である烏川に位置する倉賀野河岸でした。倉賀野は古代には地域一帯に多くの古墳が築造され，中世には武蔵児玉党の支流が倉賀野氏を名乗って倉賀野城を構えました。小田原の北条氏の傘下に入った後も，伝馬宿の1つとして小田原と東西上州を繋ぐ結節点としての役割を果たしていたことが，古文書から明らかになっています。このように近世以前から地域の拠点であった倉賀野は，江戸時代においても水陸交通が結節した重要な地でした。上州の倉賀野・五料，下野の栃木・壬生は宿場と河岸が結節し，江戸と水上交通で直接繋がる要衝であったことを述べましたが，表4-2-1の太字で示したように，全235宿の中で河岸に関する特記事項があるのは上州の倉賀野，下野の壬生・飯塚，下総の古河，武蔵の栗橋の5宿のみでした。こうしたことから，上州の倉賀野と下野の壬生は内陸関東における重要なターミナルであったことが改めて証明できますが，ここでは倉賀野に焦点を絞り，以下に特記事項の抜粋を示します。

一，此宿南裏河岸場ゟ舩積いたし，江戸迄川路五拾里程有之

一，此宿北の裏民家少し，田畑也，南裏ハ烏川通倉賀野河岸ニ而民家多し，往還ゟ南之方右河岸迄凡道法三町程相隔，舩問屋九軒・荷積渡世之もの□□□人，夫々冥加永等年々最寄御代官岩鼻役所江上納いたし来候由

一，宿内一躰平地也，見渡し山々有之，町並南裏ハ烏川附ニ而河岸場也，且此宿入口中山道・日光例幣使追分道有之（後略）

　＊□□□は「原本に欠損があり，または判読できない場合」であることを示す（「宿村大概帳」凡例より）

河岸に関連する特記事項のあった5つの宿場の中で，このように3項目にも分けて細かく記載された宿は倉賀野の他にはありませんでした。「宿村大概帳」には，小道も含めて宿から要地までの距離も詳細に記載されていますが，河岸までの道程を細かく記していたのも合計235宿の中で倉賀野のみです。宿場を把握するための調査結果である「宿村大概帳」にこれほど具体的な記載があるということは，それだけ幕府にとって重要な宿・河岸であったと推察できます。また，2つ目の項目からは「舩問屋九軒」という情報が読み取れます。上州の他の河岸と比較してみると，倉賀野の9軒が最も多く，取り扱う物量や品目が多かったであろうことが推測できます。江戸時代をとおして上利根川十四河岸の中で常に最多の河岸問屋数を有していたことからも，その規模の大きさや繁栄ぶりをうかがうことができます（表4-2-4）。

　倉賀野河岸における物資輸送の中心は，大名や旗本の城米・年貢米でした。享保9年（1724）における倉賀野河岸の問屋が扱った大名・旗本の廻米は，信州の松本藩や松代藩は1万俵前後にも上り，全領主からの廻米を合計すると5万7,000俵もの物量になります（表4-2-5）。倉賀野は五街道の1つである中山道の宿場町であり，利根川水運最上流河岸でもあったことから，西上州や信州の中東部・北部を治める領主の廻米を一手に引き受ける地理的に有利な条件が揃っていました。諸方面から陸路で運ばれた城米・年貢米は，倉賀野宿の問屋場まで運ばれ，さらに「往還より南之方右河岸迄凡

表4-2-4　上利根川十四河岸組合の問屋人数（安永4年（1775））

河岸名	問屋数	河岸名	問屋数
靭負河岸	1	八町河岸	2
平塚河岸	7	三友河岸	3
五料河岸	2	山王堂河岸	2
新河岸	3	八斗島河岸	2
川井河岸	6	壱本木河岸	7
倉賀野河岸	9	中瀬河岸	2
藤ノ木河岸	4	高島河岸	2

（「群馬県史 通史編5（近世2）」より作成）

表4-2-5　倉賀野河岸から廻米する大名・旗本（享保9年（1724））

武家名	封地	請払米高（俵）	米宿
織田美濃守	上州小幡	1,500	須賀長太郎
内藤丹波守	上州安中	5,000〜1,000	勅使河原八左衛門
前田丹波守	上州七日市	2,000	堀口八右衛門
内藤下総守	信州岩村田	―	須賀庄兵衛
水野隼人正	信州松本	9,500〜16,000	黛新右衛門
松平伊賀守	信州上田	4,300〜1,500	須賀善兵衛
牧野内膳正	信州小諸	3,000	勅使河原八左衛門
堀淡路守	信州須坂	3,000	堀口八右衛門
真田伊豆守	信州松代	12,000〜9,000	須賀喜太郎
本多若狭守	信州飯山	2,500〜500	須賀善兵衛

（「群馬県史 通史編5（近世2）」より作成）

道法三町程」とあるように,宿内の約300メートル南の河岸場へと繋がる3本の河岸道を通って陸送され,川船に積まれて江戸へと運ばれました。その河岸場の北の崖の上には,見下ろすように「アンバ様」と呼ばれた大杉神社が鎮座していました。大杉神社は現在の茨城県稲敷市阿波にある総本社から勧請し,祀ったと言われており,元和6年(1620)6月に造営[16]した神社です。江戸時代には水上交通の神として関東地方のみならず東北地方の太平洋側に至るまで,船頭ら水運関係者を中心に広く信仰されていました[17]。倉賀野の河岸問屋らが寛政5年(1793)に奉納した常夜灯が,今でも本宮の大杉神社には残っています。

図 4-2-4　高瀬舟模型
（群馬県立歴史博物館 所蔵）

　このように,数多くの物資が行き来した利根川には,図4-2-4のような高瀬舟が活躍しました。上州の高瀬舟は「上州ヒラタ」と呼ばれ,船頭や乗組員が生活するセイジと呼ばれる船室が前部に付いているのが特徴です。同じく関東地方で活躍した「川越ヒラタ」の場合は,後部に付いています。300俵積みの「上州ヒラタ」の輸送力は馬・牛100頭分以上に当たるほど非常に大きく,こうした大型船が倉賀野と江戸

図 4-2-5　倉賀野河岸の河岸場の様子（倉賀野宿・河岸復元模型）（群馬県立歴史博物館 所蔵）

を往復していました。まさに江戸と直結する河岸であったと言えます（図4-2-5）。天明3年(1783)の浅間山大噴火に伴う天明泥流の影響により,利根川の主流路は七分川から三分川へと変わり,烏川との合流点も平塚河岸付近から五料河岸近辺へと移るなど,「上州ヒラタ」が倉賀野まで上ってくることは難しくなってしまいましたが,江戸時代をとおして多くの河岸問屋が存在していたことは,この地が江戸と直結し,大いに繁栄していたことを何よりも物語っています。

上州からの山の幸

　内陸に位置する上州からは,様々な山の幸が江戸へともたらされました。そうした物資を取り扱う河岸問屋は,西上州の倉賀野では前述のように9軒,東上州の平塚では7軒あり,それぞれが地域の中心的な存在であったと考えられます。

　倉賀野河岸では,河岸問屋らが残した文化2年(1805)「倉賀野河岸より旅人乗船につき新町宿と出入始末書留帳」[18]から,貞享2年(1685)の実態を確認することができます。そこには,上州から江戸へ送られた物資として,たばこ・絹綿・麻,信州からたばこ・うど・からし・葺板との記載が

あり，廻米と同様に上州のみならず，信州の荷物も取り扱っていることがわかります。また，荷物の中には越後のぶりもあり，山の幸だけでなく海の幸までも含まれています。明和8年（1771）の「倉賀野河岸概況口書」[19]からは，米・大豆・麻・紙・たばこ・板貫を合計30,000駄程も運送していたことがわかります。両文書にあるたばこについては，沼田地方や高崎の館たばこが上州産として早くから有名で，麻についても北上州や西上州で盛んに生産されていました。

　平塚河岸は，江戸幕府直轄の足尾銅山から運ばれる御用銅の積み出しを行う河岸でした。元禄年間に銅輸送は下流の前島河岸へと移りましたが，伊勢崎・前橋地域，大間々から渡良瀬川上流にかけての地域，沼田の東方の片品川をさかのぼった追貝・老神周辺地域を後背地とし，多くの商品荷物を取り扱い繁栄しました。河岸問屋であった北爪家に残る文化2年（1805）の「荷物船積帳」からは，薪・炭・材木・板類・木製品などが確認[20]できます。薪については，文政元年（1818）の「新田郡本町村ほか二ヵ村持御林より伐出薪積出方取調書」[21]から，幕府御林から切り出された薪を公用荷物として前島河岸と分担して積み出していることがわかります。倉賀野河岸では薪・炭を取り扱っていませんでしたが，上州国内の河岸に共通した「山の幸」の1つです。

　その他に，江戸への下り荷物の特殊な形態として，筏の川下げがあります。材木の輸送として河川に直接流して下流へと運ぶ方法です。束にして流す筏流しのほか，材木1本ずつ流す管流し（早ながしとも）がありました（図4-2-6）。

図4-2-6　筏流し（倉賀野宿・河岸 復元模型）
（群馬県立歴史博物館 所蔵）

（4）利根川水運がもたらした「恵み」

江戸が上州にもたらした「恵み」

　江戸から利根川を上っていった荷物は，食品関係では塩・茶・肴，繊維品では綿・太物，日用品では小間物・瀬戸物・水油などが見られます。これらの日常生活に必要な物資の他に，干鰯や糠などの肥料も運ばれました。文政～天保期（1818～1844年）と推定される平塚河岸の古文書からは，阿波の藍玉や昆布[22]など，遠方からの荷物も確認できます。

　これらの物資は，享保期（1716～1736年）頃より盛んに上州に運ばれるようになりました。それに伴って人の交流も活発になり，書や絵画，俳諧をたしなむ文人も多くなっていきました。また，江戸で流行する歌舞伎や人形芝居などの芸能も人気を集め，養蚕・製糸業が盛んだった上州では，豊かな経済力を背景に，買芝居だけでなく，農民が自ら上演する地芝居も行われるようになりました。上三原田歌舞伎舞台（国指定重要有形民俗文化財・渋川市）や横室の歌舞伎衣裳（県指定重要文化財・前橋市）は，赤城山麓や利根・吾妻方面などの山間の地域にまで江戸の文化が広がっていたことを物

語っています。利根川水運の発達により，人や物の交流だけでなく，様々な情報ももたらされたのです。

上州が江戸にもたらした「恵み」

前述のように，江戸から様々な「恵み」を受けていた上州ですが，上州が江戸にもたらした「恵み」とは何だったのでしょうか。

上信地方の大名や旗本，幕領からの城米・年貢米輸送を担った上州は，江戸幕府を動かす支配層の根幹を支えていたといえます。260年以上に及ぶ江戸幕府の安定は，円滑な廻米輸送が背景にあったといっても過言ではないでしょう。奇しくも，江戸・大坂の二大消費地を結ぶ海上交通が整備され，内陸の河川交通とさらに密接に結びついて物流が活発になっていく寛文期は，前橋藩主の酒井忠清が老中・大老として幕閣に重きを為した時代でもあります。

また，日常生活に不可欠な燃料であった薪や炭，膨大な需要のあった材木の他に，たばこや麻，大豆や砥石など，上州産の山の幸が江戸の武士から庶民に至るまで，人々の暮らしを支え続けました。

さらに，江戸城や上野の寛永寺の銅瓦に使用され，オランダにも輸出された足尾銅が，御用荷物として上州の足尾銅山街道を陸送され，平塚または前島河岸から利根川を経由して江戸へと運ばれていたことも見逃せません。政治・経済の中心地であった江戸を中心とする枠組みの中に位置付けられた上州は，幕末まで一貫して江戸を支える存在であり続けました。それこそが，上州が江戸にもたらした「恵み」であるといえます。

利根川の恩恵

天正18年（1590）の徳川家康の関東入国以後，「江戸北辺の守りの地」であった上州は，江戸防備の最前線基地としての役割を果たしてきました。そして，戦乱が収まって幕藩体制が整備・確立されていくと，政治・経済の中心地である江戸を支える防衛・流通の要地へと変貌していきました。特に，幕府が河岸・湊の把握に努めるようになった元禄期以降は，上州は下野とともに江戸地廻り経済圏の一翼を担っていったのです。上州には倉賀野や平塚，五料など，まさに河川交通と陸上交通が密接に結節する地が存在し，これらの地は，内陸における重要なターミナルの役割を果たしました。こうした上州の地域性は，利根川が江戸と上州を結び付けていたからに他なりません。

河川交通に必要な川船を作る船大工，それを操縦する船頭，その物資を扱う河岸問屋，行き交う人々が宿泊する旅籠屋，舟運の無事を祈る大杉信仰，河川・治水工事のための土木技術の向上など，これらは全て大自然利根川の流れの恩恵を基盤とし，人々の知恵と経験の結集によって成立し，育まれたものです。内陸国の上州と将軍のお膝元である江戸，さらには海を通してヨーロッパのオランダにまで繋げてくれた存在が，まさしく利根川であったのです。

第 4 章　恵み―商品・取引・文化　141

【注】

(1) 『徳川幕府家譜』乾「忠吉卿」には「文禄元壬辰年二月御元服，世良田下野守忠吉ト改，武州忍城附拾弐万石給」，『埼玉県史 通史編 3（近世 1）』では 10 万石，『国史大辞典』には「10 万石ともいう」との注記があるが，ここでは『徳川幕府家譜』に拠り 12 万石としておきたい。

(2) 高柳真三・石井良助 編『御触書寛保集成 1・4』岩波書店（1976 年）

(3) 渡辺和敏「関所と番所」，児玉幸多 編『日本交通史』吉川弘文館（1992 年），262-263 頁

(4) 『続々群書類従 第七 法制部 2』国書刊行会（1907 年）所収

(5) (4) に同じ

(6) 『群馬県史 通史編 5（近世 2：産業・交通)』群馬県（1991 年），741 頁

(7) 『群馬県史 通史編 5（近世 2：産業・交通)』群馬県（1991 年），661 頁

(8) 五十嵐富夫『近世関所制度の研究』有峰書店（1975 年），635 頁

(9) 『徳川禁令考 前集第六』「第 60 章諸船廻漕令條 3548」創文社（1981 年）

(10) 川名登『近世日本水運史の研究』雄山閣出版（1984 年），186-200 頁

(11) 『近世交通史料集 4（東海道宿村大概帳)』吉川弘文館（1970 年）

(12) 『近世交通史料集 5（中山道宿村大概帳)』吉川弘文館（1971 年）

(13) 『近世交通史料集 6（日光・奥州・甲州道中宿村大概帳)』吉川弘文館（1972 年）

(14) 『近世交通史料集 6（日光・奥州・甲州道中宿村大概帳)』吉川弘文館（1972 年）所収

(15) 山崎通・佐屋路ともに『近世交通史料集 5（中山道宿村大概帳)』吉川弘文館（1971 年）所収

(16) 前沢辰雄『上州倉賀野河岸』(1965 年)，19-20 頁

(17) 「川が結ぶ ―東北地方と江戸を結んだ利根川水運（平成 25 年度企画展示図録)」千葉県立関宿城博物館（2013 年)

(18) 『新編 高崎市史 資料編 6 近世 2』高崎市（2004 年），No.229

(19) 『群馬県史 資料編 10（近世 2：西毛地域 2)』群馬県（1978 年），No.315

(20) 『群馬県史 通史編 5（近世 2：産業・交通)』群馬県（1991 年），867 頁

(21) 『群馬県史 資料編 16（近世 8：東毛地域 2)』群馬県（1988 年），No.314

(22) 『群馬県史 通史編 5（近世 2：産業・交通)』群馬県（1991 年），870-871 頁

【参考文献】

『群馬県史 通史編 5（近世 2：産業・交通)』群馬県（1991 年）

『群馬県史 資料編 10（近世 2：西毛地域 2)』群馬県（1978 年）

『群馬県史 資料編 14（近世 6：中毛地域 2)』群馬県（1986 年）

『群馬県史 資料編 16（近世 8：東毛地域 2)』群馬県（1988 年）

「群馬県立歴史博物館 常設展示図鑑」群馬県立歴史博物館（2017 年）

『文献による倉賀野史・第 2 巻（河岸 編)』倉賀野雁会（1985 年）

須賀健一『須賀庄兵衛家由緒 第 1 部 烏川に棹さして』(1997 年）

川名登『近世日本水運史の研究』雄山閣出版（1984 年）

豊田武・児玉幸多 編『体系日本史業書 24 交通史』山川出版社（1970 年）

中山剛志「倉賀野河岸・宿の基礎的研究」『群馬県立歴史博物館紀要（第 37 号)』(2016 年）

中山剛志「交通史から見る近世上州と関東の地域性」『群馬県立歴史博物館紀要（第 35 号)』(2014 年）

中山剛志「前橋藩領内の水陸交通と上野国」『前橋風 第 3 号 酒井忠清申渡状 109 通の翻刻』特定非営利活動法人まやはし（2019 年）

4-3　江戸湾からの「海の幸」──江戸前の昔と今

　江戸は，江戸湾に面していたからこそ豊かな海の幸に恵まれていました。江戸前寿司というように，江戸前といわれている場所で，様々な魚を海の幸として得ていました。その主たる漁場は江戸湾内であり，いくつかの港から日本橋の魚河岸に運ばれていました。もちろん江戸への輸送方法は船に頼っていました。そして，日本橋の魚河岸から江戸市中には，行商人が売りに出ていました。
　ここでは，①江戸時代の江戸前と魚，②江戸湾沿いの漁場，③江戸への輸送方法と船，④食文化を支えた江戸前の魚について紹介します。

(1) 江戸時代の江戸前と魚

江戸前の範囲
　「江戸前」とは，文字通り「江戸の前」ということです。江戸時代，幕府は地方から多くの人々を集めて，今日でいう街づくりを行います。これが元禄年間（17世紀末）には，町方人口が35万人，さらに30年後の享保年間には，武家も含めて100万人にも及ぶ世界有数の大都市となります。
　これら多くの江戸市民が当初から豊富な魚介類に恵まれていたわけではなく，市場のような供給体制がすぐ整備されていたわけではありません。しかし，いわゆる江戸湾には，時代による変遷があるものの，多摩川，隅田川，荒川，江戸川と狭い範囲に大きな河が流れ込んでおり，この海域に魚介類の種類も多かったであろうことは想像できます。時を下るにしたがって，漁法も改善され，様々な方法で集積された魚介類を取引する場としての「魚市場」も徐々に整備されていきます。

江戸の人々が食べた魚
　江戸に住む人々は，様々な魚種を食していたようです。しかも四季を通じて，漁獲に恵まれていました。
　春から夏にかけては，伊勢エビ，芝エビ，ウナギ，イワシ，タイ，ヒラメ，アマダイ，メバルなどが獲れました。夏から秋にかけては，カツオ，コチ，スズキ，トビウオ，サバ，カニ，ボラ，アジなどが獲れました。そして，秋から冬にかけては，マス，サケ，タラ，アワビ，サヨリ，キス，サワラ，ブリなどが獲れました（図4-3-1）。

■春から夏：伊勢エビ，芝エビ，ウナギ，イワシ，タイ，ヒラメ，アマダイ，メバルなど

伊勢エビ（左）・芝エビ（右下）（『広重魚尽』）

ヒラメ（『魚類写生図』）

■夏から秋：カツオ，コチ，スズキ，トビウオ，サバ，カニ，ボラ，アジなど

カツオ（『魚類写生図』）

アジ（『魚類写生図』）

■秋から冬：マス，サケ，タラ，アワビ，サヨリ，キス，サワラ，ブリなど

ブリ（『魚類写生図』）

サケ（『魚類写生図』）

図 4-3-1　江戸前の海の幸
　　　　（歌川広重『広重魚尽』，木村静山『魚類写生図』（国立国会図書館 所蔵））

（2）　江戸湾沿いの漁場

江戸前漁場

　これら魚は，江戸の3つの湊（浅草湊，江戸湊，品川湊）などで集められました（図 4-3-2）。江戸湾の魚介類が，漁場から芝金杉，江戸湊，洲崎などにあげられ（図 4-3-3），日本橋魚市場に運ばれていました。

① 芝金杉，本芝

　芝金杉，本芝などは，江戸有数の漁村で，雑魚場と呼ばれる前面の海から「芝肴」と称された美味な魚を供給していました。後に，この肴は「江戸前」と名づけられ珍重されました。

② 江戸湊

　全国各地から物資を運んでくる大型船（菱垣廻船，樽廻船など）が多く停泊する沿岸の海で，その地形から鉄砲洲とも呼ばれた。この対岸に浮かんでいるのが佃島です。

③ 洲崎

　南品川から目黒川に沿って，牛の舌のように海に迫り出した部分。ここにたくさんの漁師が住んで町をつくり，魚を捕っていました。

図 4-3-2　江戸の3つの湊（浅草湊，江戸湊，品川湊）
（出典：鈴木理生『スーパービジュアル版 江戸・東京の地理と地名』日本実業出版社（2006））

図 4-3-3　江戸の漁師村
（出典：源草社編集部・人文社編集部 企画編集『江戸の台所 江戸庶民の食風景（ものしりシリーズ）』人文社（2006）（協力：こちずライブラリ））

江戸時代の様々な漁

　江戸時代には，すでに様々な漁法がありました。
　クジラ漁は，現在も和歌山県などで行われている「追い込み漁」と同様です。
　また，シラウオ漁は，大坂の佃村の漁師が行っていた四つ手網を用いた漁法を江戸に伝えたといわれています。蛸壺を使ったタコ漁や，熊手のようなものを使ったシジミ貝漁など，今日も変わらず行われている漁法もあります。
　江戸時代前は，漁師を「猟師」の字をあてる場合がありました（深川猟師町など）。これは一説によると江戸では，槍を突き刺して魚を捕獲していたものが，関西から手網漁が伝わったため，さんずい編に魚の「漁師」となったといわれています。

第4章　恵み—商品・取引・文化　145

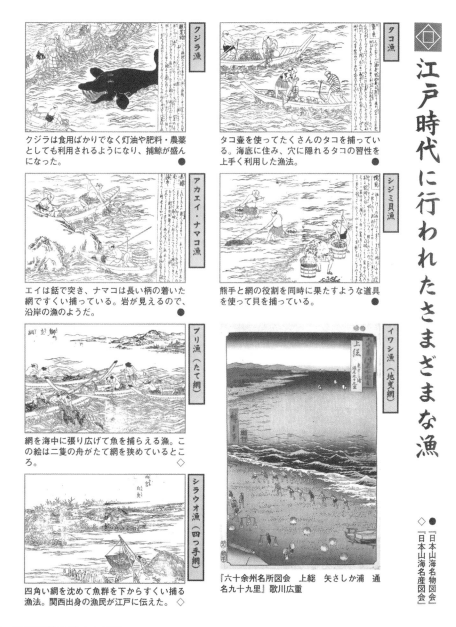

図4-3-4　江戸時代の様々な漁法
（出典：源草社編集部・人文社編集部　企画編集『江戸の台所　江戸庶民の食風景（ものしりシリーズ）』人文社（2006）（協力：こちずライブラリ））

(3)　江戸への輸送方法と船

押送船

　押送船（おしおくりぶね，おしょくりぶね）は，魚介類を魚市場に運んだ船で，江戸時代特有の和船です。この船は帆走・漕走併用の小型の高速船で，享和3年（1803）には，江戸周辺で64隻が運用中だったとの記録があります。細長い船体と鋭くとがった船首を持つのが特徴で，全長38尺5寸（11.7メートル）・幅8尺2寸（2.5メートル）・深さ3尺（0.9メートル）の船体で，3本の着脱式の

マストと7丁の艪を備えていました。また，一般の帆走船では艪を使用するのは無風時に限られるのに対し，押送船では常に艪も使って漕走していました。押送船の名は，この漕走を重視した航法に由来しています（図4-3-5，図3-2-11）。

押送船は東京湾などを航行する海船ですが，積荷を魚問屋へ陸揚げするために江戸市中の河川部までも進入できました。また，積荷の鮮度を保つために，江戸へ入る船舶を監視する浦賀番所で検査を受けずに通航できる特権が与えられていたといわれています。

五大力船

五大力船（ごだいりきふね）は，江戸近辺の海運に用いられた海川両用の廻船です。特徴として，押送船同様，河川を航行できるように喫水が浅く，船体の幅が狭くなっています。そのため，海からそのまま河口に乗り入れて，市中の河岸に横付けすることができました。

海では帆を立てて帆走し，河川では棹が使用できるよう，舷側に棹走りと呼ばれる台が設けられていました。全長：31尺（約9メートル）～65尺（約20メートル），幅：8尺（約2.5メートル）～17尺（約5メートル），貨重量：60石積（9トン）～500石積（75トン）といわれています（図4-3-6，図3-2-10）。

図4-3-5　葛飾北斎が描く押送船
『富嶽三十六景 神奈川沖浪裏』（葛飾北斎 画）
（山口県立萩美術館・浦上記念館 所蔵）

図4-3-6　安藤広重が描く五大力船
『山海見立相撲 上総木更津』（歌川広重 画）
（船橋市西図書館 所蔵）

平田舟

押送船や五大力船は，日本橋魚河岸に直接，荷揚げすることができましたが，魚河岸には，産地ごとに「平田舟（ひらたぶね）」と呼ばれるいわば浮桟橋がありました。この荷揚げの使役のことを「小揚（コアゲ）」といい，現在でも豊洲市場内の荷役会社に中央小揚，東都小揚，東京築地小揚という3社が，産地（出荷者）から市場に搬入される水産物の荷扱いをしています。

また，河川の潮の満ち引きにより，荷役の手間が違う（上げ潮のほうが下ろしやすい）ため，「潮の満ちるのを待ってその間にお茶でも飲んで…」ということで名付けられた「潮待茶屋」という施設もありました（図4-3-7，図4-3-8）。

豊洲市場においても，潮待物流サービスという会社が，仲卸業者から小売商への荷物の引き渡し業務を行っています。

第 4 章　恵み─商品・取引・文化　　147

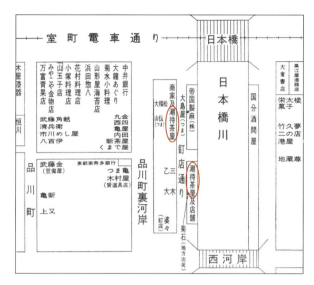

図 4-3-7　潮待茶屋の位置
（出典：魚河岸百年編纂委員会 編『魚河岸百年』
日刊食料新聞社（旧社）(1968)）

図 4-3-8　平田船と潮待茶屋
（「日本橋魚市場 —小揚」(大正 11 年)
中央区立京橋図書館 所蔵）

（4）　食文化を支えた江戸前の魚

魚の行商人，ボテ振り

江戸は 100 万人の人口を有し人口密度も高く，多くの庶民は屋内で煮炊きすることは火事の原因になるとして，今風でいうと「自粛」を余儀なくされていました。

そのため「ボテ振り」といわれた行商の人たちが，イワシの干物（安価で栄養価が高かった）や豆腐，納豆などを売り歩きました。

また，てんぷらやソバといった加熱調理食品は，屋台で販売され，鮨も元々は屋台で販売されるものでした。

近年，江戸の町は環境に配慮すると同時に意外と衛生であったと評価されていますが，今でいうファストフードのルーツも江戸時代にさかのぼることができると考えられます。

現在の江戸前

従来の江戸前の大部分は，埋立地となってしまい，漁業権も東京都が買い上げたため，明確に存在していません（図 4-3-9）。しかし，今でも，ハゼなどは釣り上げられますし，整備された隅田川では釣り糸を垂らす人々が意外と多く目にすることがあります。

令和の時代において，新型コロナウィルス感染症の影響で食品産業は，一部を除き苦戦を強いられています。

明治期においても，コレラの流行の元凶が日本橋魚河岸であるとされ，明治 22 年（1889）に警視庁（当時衛生行政を担っていた）と東京府が日本橋魚河岸の移転を命じました。このように，感染症と食品産業には縁深いものがあります。

ちなみに，日本橋魚河岸は，数度にわたる移転命令にもかかわらず，断固移転を拒否し，大正 12 年（1923）の関東大震災を契機に築地へ移転します。そして，平成 30 年（2018），豊洲へ移転しました。

図 4-3-9　現在の東京湾（「東京港の変遷」国土交通省 関東地方整備局 港湾空港部ウェブページ ＜ https://www.pa.ktr.mlit.go.jp/tokyo/history/pdf/e-do01.pdf ＞（参照 2024.10.15））

4-4　川と船が醸成した江戸文化

　江戸時代，人と物を運ぶ最も有効な手段が船でした。船は江戸と地方を結ぶだけでなく，江戸市中でも輸送手段として活躍し，庶民にとっても物資運搬や漁業といった職業だけでなく，信仰・行楽・趣味などさまざまな生活の場面で登場することになりました。江戸は水の都だったのです。
　ここでは，①船がつなぐ関東と江戸，②参詣客と物見遊山，③江戸の日常と船，④江戸の年中行事・娯楽と船について紹介します。

（1）　船がつなぐ関東と江戸

奥川筋による舟運と特産物の輸送

　江戸幕府が開かれて間もない元和7年（1621）から，利根川の流れを銚子口に移す，いわゆる利根川東遷事業が行われました。それまでの利根川は中流から南下して江戸湾に注ぐ，今の江戸川がその流路でした。それを東の銚子まで延伸させて，そこに関東地方を流れる幾筋もの川をつなぎ合わせて，関東一円の水体系である「奥川筋」が完成しました。

　奥川筋という河川舟運のネットワークが出来上がると，江戸と関東の様々な地域が結ばれて双方から物資が輸送されました。このことは関東の各産地の利益にもつながり，江戸の問屋商人も積極的に特産品を「発掘」し，江戸市場へともたらしました。これには関東の村々で活躍した在方商人や買次商，船問屋，さらに川筋に生まれた多くの河岸が効果を発揮しました。

　このネットワークにより，醤油・酒・塩・木綿・薪・炭・漆・藍・紙など，手工業製品を含む関東地方の生産物が，大消費都市・江戸へ運ばれていきました。利根川筋からの江戸搬入の際は，小名木川の東端，中川番所で検査を受けて江戸へと向かいました（図4-4-1）。

図4-4-1　江戸へ入津した荷物（出典：江東区中川船番所資料館常設展示図録）

江戸時代の関東各地の特産品と商人の名前を番付にしたものがあります。江戸に運ばれる荷物で最も多いのは，特産品などの商品ではなく，年貢米です。年貢米にも幕府直轄領で徴収された米と，各藩の城下で売却・換金できなかった年貢米の余剰米などがありました。番付には関東各地の特産品が挙げられています。穀物・干鰯（ほしか）・醤油・小間物・材木・荒物（雑貨）・呉服・造酒（酒造）等々，18世紀以降の関東の商品生産地帯の成長をうかがわせる品目が並んでいます（図4-4-2）。

搬送に使われた川船には最も大きな高瀬船（全長最大で約27メートル）をはじめ，様々な種類の船が使用されました。それは，現代の物資輸送とは大きく異なる輸送形態によっています。関東各地のそれぞれの川の幅や深さ，水量に見合った船と，それを操縦する技術が求められました。利根川をはじめ関東地方の各河川にはたくさんの河岸が設けられま

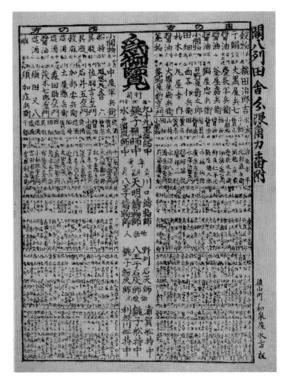

図4-4-2 『関八州田舎分限角力番附』
（船橋市西図書館 所蔵）

したが，それはそれぞれの川に見合った船や操縦できる船頭・水主が用意されていたことを示しています。

したがって，江戸から近接した地域は別として，北関東から荷を運ぶ際は継ぎ送りが普通で，何カ所かの河岸で積み替えが行われました。

利根川河口の銚子から日本橋の河岸までは，利根川をさかのぼり，関宿（千葉県野田市）で利根川から分岐している江戸川に入り，江戸湾に注ぐ手前で新川（船堀川）に入り西へ。中川を越えて小名木川河口にある中川番所で検査を受けて，小名木川を西へ。隅田川を越え日本橋川に入り，目的の河岸へというのが川船の公式ルートということになります。銚子からでは10日以上の日数がかかりましたが，利根川沿岸より近い江戸川沿いの野田からは1日で日本橋まで来ることができました。

トラック輸送の現代では考えられない手間がかかりましたが，「確実に安全に大量に」搬送する方法としては最上の方法でした。

江戸と行徳を結ぶホットライン

かつて箱崎と日本橋小網町の間を流れていた箱崎川には，寛永9年（1632）本行徳村（千葉県市川市）の村民が，小網町3丁目の河岸地を専用の河岸地として使用していた場所があり，行徳河岸と呼ばれていました。まさに江戸と行徳を結ぶホットラインで，江戸初頭から房総方面からの物資輸送が行われたことがわかります。

行徳（千葉県市川市）の船着き場は，江戸川河口からややさかのぼった所にありました。関東各地から，船から船へと継ぎ送りで運ばれてきた物資は，この行徳あたりで，江戸への搬入を意識し，江

戸市中の各所・各河岸に搬送できる船に仕立て直したり，荷物を確認したりと準備に入りました。ここにある常夜燈は，文化9年（1812）日本橋西河岸（日本橋川の日本橋と一石橋の間）と蔵屋敷の成田山参詣の講中が航路安全を祈願して建立したもので，江戸商人との結びつきをうかがわせます（図4-4-3）。

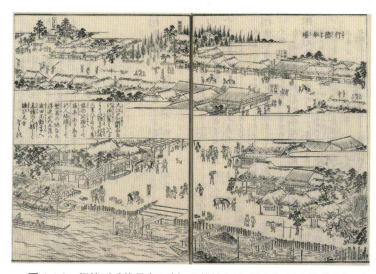

図4-4-3　行徳（千葉県市川市）の船着き場（左下に常夜燈が見える）
（出典：斎藤月岑 筆・長谷川雪旦 画『江戸名所図会 行徳船場』天保7年（1836），（国立国会図書館 所蔵））

(2) 参詣客と物見遊山

江戸からの旅

江戸時代は，寺社参詣を名目にして，物見遊山の旅が流行しました。『道中記』『巡覧記』『道中鑑』などの名がついたガイドブックのような書物も出版され，情報が広まり，旅をサポートする業者（船・旅館の手配など）も現れるようになりました。

東海道や中山道の旅では街道を歩く旅が主ですが，小名木川の中川番所を通って船が向かったのは，成田山新勝寺，香取神宮，鹿島神宮，息栖神社などで，2〜3泊の行程で旅を楽しみました。鹿島・香取・息栖は，距離も近いことから三社詣として人気を集めました。

成田山新勝寺は現在でも参詣客の多い寺院ですが，初代 市川團十郎が，新勝寺の不動明王を深く信仰し，芝居でも上演し，屋号を「成田屋」としたことが弾みとなりました。

また深川富岡八幡宮の別当，永代寺では元禄16年（1703）以降11回

図4-4-4　『鹿島名所図会 息栖神社』（文政7年（1824））
（江東区中川船番所資料館 所蔵）

図4-4-5　『成田名所図会 新勝寺』（安政5年（1858））
（江東区中川船番所資料館 所蔵）

にわたって新勝寺不動明王の出開帳が開かれ信仰を集めていました。これがなお一層，成田山詣を促し，人気を高めていきました。

江戸への旅

関東方面の人が，江戸へ旅する場合には，物見遊山ではないそれなりの事情がありました。むしろ村の運営に関わる公用としての旅行でした。

その1つに，幕府直轄地（公儀御領）から来た村役人たちの事情がありました。彼らは村の運営上，年貢の減免，村内の河川・道路等の工事，村内の事件処理，村役人の交代等々のため，浅草橋際にあった御用屋敷（江戸中期までは郡代屋敷）へ申請・陳情の書類を提出しなければなりませんでした。御用屋敷への種類の提出が済むと，いったんは目的を達成し安堵したことでしょう。この時，両国広小路で楽しんだり周辺の江戸名所へと出かけました。

こうした公用のためではなくても伊勢参りや大山詣の途中，江戸に立ち寄ることもありました。

かつて江東区大島（現在の都営新宿線西大島駅周辺）にあった五百羅漢寺は，536体の羅漢像が堂内を荘厳する大寺院でした。関東周辺各地の村役人が，江戸へ出かけた際に書き残した旅日記，道中記には，この寺院の名がよく登場します。新宗派の黄檗宗寺院で中国風の伽藍が珍しく，本殿から両側に伸びた羅漢堂に500体以上の羅漢像が安置されていました。中央に釈迦牟尼仏が安置され，その両側から羅漢像が何段にもわたって参詣者を見下ろしています。画面手前の参詣者の中には，旅姿の人も多く見られます（図4-4-6，図4-4-7）。

また羅漢寺のシンボルである「さざゐ堂」は，堂内がらせん状で，当時としては高層建築のため富士山まで見渡すことができ，評判を集めました。寺の周辺は本所の近郊農村ですが，同寺のすぐ南には小名木川が流れ，船で訪れる

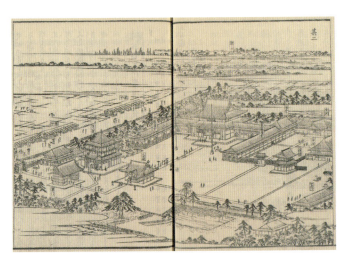

図4-4-6 『江戸名所図会 五百羅漢寺』（境内）（天保7年（1836））
（国立国会図書館 所蔵）

図4-4-7 『江戸名所図会 五百羅漢寺』（堂内）（天保7年（1836））
（国立国会図書館 所蔵）

ことも可能でした（図 4-4-8）。

なお，五百羅漢寺は，明治になって本所へ移転し，明治 41 年（1908）には目黒へ移転しました。

（3） 江戸の日常と船

江戸の日常交通手段としての船

江戸と周辺地域との関係から，江戸市中に目を向けてみると，船は江戸にとって必要不可欠な交通手段でした。市中に張り巡らされた川・運河は，物資輸送はもとより，仕事・信仰・行楽のための人の移動には欠かせないものでした。

しかし，一般に外出する際の移動手段は「足」。庶民にとっては船に乗るのは，「やや奮発して」今日は乗ってみようといった気分だったのではと考えられます。

現 江東区を東西に流れる小名木川のほぼ中間に，五本松がありました（図 4-4-9）。航行する船の船頭の目印ともなっていたのでしょう。また，同時に見事な枝振りの松を愛でる人，川からの月見に訪れる人が船でやって来ました。

また，隅田川に架かる現 蔵前橋西岸にあった首尾の松も，よく知られたランドマークでした。名前の由来は，朝方，新吉原からの帰りにこのあたりで，遊女との首尾を語り合ったから，これから新吉原へ向かう客が，ここで首尾を祈ったなど諸説あります。

新吉原へ向かう猪牙船に乗るには，神田川が隅田川に注ぐ，両国橋にも近い柳橋あたりに並ぶ船宿が便利でした。ここから新吉原へは隅田川を遡り，吾妻橋をくぐって右岸（西岸）の山谷堀河口の今戸橋あたりで下船します。山谷堀は川幅が狭いので猪牙船では入ることができないため，ここからは堀沿いに続く日本堤を徒歩か駕籠で向かいます。今戸橋から新吉原の入り口，大門までは約 1 キロメートルという距離になります。

船宿と乗り合い船

江戸の船宿には 2 種類ありました。上方方面からの大型船（弁才船や五大力船）に乗り組み，江戸へやってきた船頭・水主が宿泊するような大きな船宿，江戸市中の川筋に猪牙船や屋根船といった小舟を用意して客を市中の河岸へ運び料理屋を兼ねる船宿。いずれも「船の宿り」ということから船宿でした。

後者の船宿が集まっていたのは，隅田川沿岸の柳橋（神田川の河口）・山谷堀でした。江東区の深川

図 4-4-8 『名所江戸百景　五百羅漢さゞゐ堂』（歌川広重 画）（江東区中川船番所資料館 所蔵）

実際の川は直線ですが，奥行を見せるため湾曲しています。見事な松の枝の下を乗り合い船が通ります。

図 4-4-9 『名所江戸百景　小奈木川五本まつ』（歌川広重 画）（国立国会図書館 所蔵）

江戸資料館には，江戸末期深川の町並みの中にある船宿が再現されています（図4-4-10）。

猪牙船といえば新吉原へ通う客を乗せたことで知られますが，こうした遊興だけでなく，川で涼む，重い荷物を運ぶなど事情は様々でした。また決められた航路を往復し，何人もの客を乗せる乗り合い船も利用されました。

猪牙船は，多くの錦絵にも登場しています。たとえば，川開きでにぎわう両国橋西詰，神田川が隅田川に注ぐ河口に架かる柳橋あたり。何艘もの猪牙船と桟橋が描かれています（図4-4-11）。

また，画面下が隅田川で，山谷堀河口の今戸橋付近を描いた錦絵にも，船宿と猪牙船が描かれています（図4-4-12）。この堀に沿って築かれた日本堤を北東にさかのぼれば新吉原でした。隅田川対岸との間には竹屋の渡しがあり，向島の三囲稲荷や牛島神社，長命寺など江戸郊外の名所に直結していました。

図4-4-10 再現された船宿（江東区深川江戸資料館）

図4-4-11『江戸名所図会 両国橋』（部分）長谷川雪旦 画
（国立国会図書館 所蔵）

図4-4-12『江戸名所図会 山谷堀 今戸橋 慶養寺』（部分）長谷川雪旦 画
（国立国会図書館 所蔵）

(4) 江戸の年中行事・娯楽と船

納涼・花火

　江戸では，暦や四季の移り変わりごとに開かれる年中行事があり，それらのイベントと船の間には深い関係がありました。

　夏のうだるような暑さを避け，川に出て涼をとる。江戸の年中行事を詳しく紹介した『東都歳事記』（天保9年（1838）刊）には，5月28日の条に「両国橋の夕涼（み）今日より始（ま）り，八月廿八日に終る。並びに茶屋看せ（見世）物夜店の始（め）にして，今夜より花火をともす…（中略）…此地は，四時（春夏秋冬いつも）繁昌なるが中にも，納涼の頃に賑はゝしさは，余国（ほかの国，地域）にたぐひすべき方はあらじ」とその賑わいぶりを紹介しています。

　いわゆる両国の川開きは，八代将軍 徳川吉宗の時代，享保18年（1733）5月28日に，悪病退散を願って行われたのが始まりといわれています。すでに江戸初頭には，隅田川周辺が納涼の場となっていましたが，寛文元年（1661）本所の開発で両国橋が架けられて以降，一層江戸の庶民が訪れるようになり，『東都歳事記』の記述のような江戸を代表する盛り場になりました。

　さらに同書では，花火について「鍵屋玉屋の花火は今にかはらず。又小舟に乗じて，果物など商ふを，俗にうろうろ船といふ」と花火打ち上げの際には，川で果物などを売る「うろうろ船」が営業していたといいます。それだけ船からの見物が多かったのでしょう。

　橋西岸の両国広小路の見世物・芝居・寄席，「向う両国」と呼ばれた東岸の本所回向院での勧進相撲，そして川面での納涼。川や船が江戸の盛り場を作りあげていました（図4-4-13）。

図4-4-13　『名所江戸百景 両国花火』（歌川広重 画）
（「錦絵でたのしむ江戸の名所」国立国会図書館ウェブサイト）

『江戸名所図会 新大橋三派』には，涼を求めて新大橋周辺に集まる船が描かれています。屋形船・屋根船・猪牙船といった納涼船のほか，橋の奥には投網や竿で漁・釣りをする人も描かれています。図4-4-14の左手が深川側で，沿岸にはよしず張りの水茶屋が並んでいます。図の奥の永代橋の向こうに見える樹木が茂っているのが石川島・佃であり，その右に林立する「柱」は，上方から下り荷物を運んできた弁才船の帆柱で，築地明石町辺になります（図4-4-14）。江戸湊の風景を眺めながらの納涼でした。

図4-4-14 『江戸名所図会 新大橋三派』（長谷川雪旦 画，天保7年（1836））（東京海洋大学附属図書館 所蔵）

花見・祭礼・行楽

四季折々の行事や行楽にも，船が活躍しました。

花見にも船が隅田川を行き交いました。図4-4-15では，降ってくる桜の花びらを受けて進む屋根船に，わずかに芸者の背中とかんざしが見えます。右手の五重塔と本堂が金龍山浅草寺。それより上流の隅田川を横切っている船，竹屋の渡しということになります。画面右手に山谷堀河口と待乳山聖天，左手は三囲神社へ続く墨堤。江戸名所の粋が集まったこの絵こそ，船が織りなす江戸名所です。

かつては3月17日・18日，隔年で開催されていた浅草三社権現（浅草神社）祭礼の様子も描かれています（図4-4-16）。18日にこの船渡御が行われました。神輿を神社から浅草御門（浅草橋）まで担ぎ，そこから船に乗せて隅田川へ。花川戸辺までさかのぼり，地上に戻って随身門（二天門）から神社へ。六郷大森の村からも漁船が出たそうです。江戸屈指の古社の祭礼に船は欠かせませんでした。

図4-4-15 『名所江戸百景 吾妻橋金龍山遠望』（歌川広重 画）（江東区中川船番所資料館 所蔵）

船渡御は昭和33年（1958）まで続き，祭礼700周年の平成24年（2012）に，58年ぶりに挙行されました。

　亀戸天満宮（現 亀戸天神社）境内にある妙義（御嶽）神社では正月最初の卯の日に，『初ノ日妙儀（義）参り』という行事が行われました。柳の枝に繭玉や千両箱・面などを付けた縁起物（絵の右手屋根の上）が評判でした。参詣を終えて，着飾った芸者衆が屋根船に乗り移ろうとする場面が描かれています（図4-4-17）。奥に鳥居が見えることから，この場所は神社の西脇を流れる横十間川と思われますが，ここは妙義神社への近道でもありました。

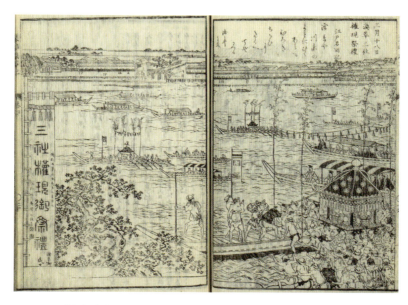

図4-4-16　『東都歳事記 浅草三社権現祭礼』（長谷川雪旦 画，天保9年（1838））
　　　　　（国立国会図書館 所蔵）

図4-4-17　『初卯ノ日妙儀（義）参り乃図』歌川国貞（三代豊国）画）
　　　　　（江東区中川船番所資料館 所蔵）

亀戸天満宮が創建されたのは寛文2年（1662）。明暦の大火（1657年）から始まった本所の開発で，隅田川以東にも幕府家臣団の旗本・御家人の屋敷町が造成されました。両国橋架橋や竪川の開削など幕府は本所のまちづくりに諸施策を実行しました。その一環として，隅田川から続く武家地の東端に亀戸天満宮が造営されました。立派な社殿，心の字池と太鼓橋，梅や藤の花など，いつ訪れても楽しむことができる神社が造営されたのですが，これにはその周辺に横十間川・北十間川・竪川といった本所の開発で開かれた河川が，参詣する人を集めました。交通アクセスが整備された中に開かれた神社は「なるべくしてなった江戸の名所」であり，舟運がそれを支えていました。

　江戸時代になって，釣りが大いに流行しました。和竿の開発や工夫，魚には見えにくい半透明の釣り糸テグスの普及などから武士も庶民も釣りをたしなみました。『何羨録』に代表されるような指南書や，江戸湾の釣りの「穴場」を紹介した刷り物まで現れました。

　しかも，江戸市中にも縦横に張り巡らされた掘割があったことから，遠方まで行かなくても手軽に釣りを楽しむことができました。築地本願寺を囲むように，渦巻き状に掘られた築地川（築地一帯の堀の総称）などは釣り場にはうってつけでした。また，深川のさらに東，中川（現 旧中川）はキス釣りの名所として知られています。こうした，江戸市中と周辺や海浜の地で釣りをするのには，船が重宝されました。

企画展示の記録　船が育んだ江戸 ～百万都市・江戸を築いた水運～

第1回　「海」―海流・海難・海損―

開催概要

2017年12月12日（火）～2018年2月17日（土）
主催：東京海洋大学附属図書館
共催：東京海洋大学明治丸海事ミュージアム
協力（順不同）：船の科学館，千葉県立関宿城博物館，早稲田大学図書館，千葉県立中央博物館，中津川市・村上医科資料館，中央区立京橋図書館，関西学院大学図書館，江東区中川船番所資料館，東京大学附属図書館，神戸大学海事博物館，東京都立中央図書館，株式会社浅井市川海損精算所，湖西市教育委員会，公益社団法人日本海難防止協会，一般社団法人ニッポニア・ニッポン，横浜みなと博物館，川崎汽船株式会社，日本海事広報協会
実行委員会：苦瀬博仁，岩坂直人，大貫伸，庄司邦昭，仲野光洋，石田一明
編集：東京海洋大学附属図書館越中島分館　情報サービス第二係

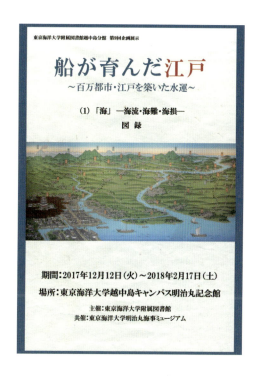

展示目録

（1）「江戸の絵図」

・長禄年中江戸絵図　東京大学総合図書館（南葵文庫）所蔵

　長禄年中江戸絵図は，長禄年間（1457～1460）に描かれたものとされており，江戸図としては最も古いものに属すと考えられている。

分間江戸大絵図　文政11年（1828）

・分間江戸大絵図　須原屋茂兵衛板行　文政 11 年（1828）165×165 cm　江東区中川船番所資料館　所蔵

　　分間江戸大絵図は，江戸後期の文政 11 年（1828）に日本橋の江戸版元の最大手，須原屋茂兵衛から板行されたものである。

(2)　「廻船航路開発がもたらした『江戸の発展』」
・従武藏國江戸経安房上總下總常陸至奥州海上　東京海洋大学附属図書館越中島分館　所蔵

　　この絵図は，武蔵國の江戸から，安房上總下總の国（現　千葉県）を廻り，常陸の国（現　茨城県）を経て，奥州（現　東北）に至る太平洋航路を示している。航路は朱線で描かれており，地名は黒字で記載されている。

・和船模型　製造年不明　東京海洋大学明治丸海事ミュージアム　所蔵

和船模型　製造年不明

(3)　「海洋学からみた『海流』」
・伊豆国嶋絵図『柳営秘鑑』巻之八　菊池弥門撰　書写年不明（複製）早稲田大学図書館　所蔵

　　「柳営」とは，将軍の居場所あるいは幕府を意味している。そして「柳営秘鑑」とは，江戸幕府の古くからの礼式や慣習を，書きとめたものである。

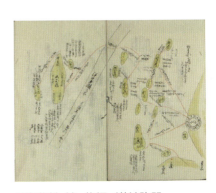

柳営秘鑑　前・後編／菊池弥門
画像処理で貼り合わせている。

　　「柳営秘鑑」の第八巻に記載されている伊豆国嶋絵図は，八丈嶋と御蔵嶋の間の黒潮の流路を描いたとされている。そしてこの絵図は，黒潮流路を描いた現存最古の文献と考えられている。

(4)　「操船学からみた『海難』」
・伊豆七島圖繪御蔵島難風の圖　長谷川晋吉　画　弘化 3 年（1846）写本（複製）都立中央図書館特別文庫室　所蔵

　　伊豆七島圖繪は，長谷川晋吉が，天保 9 年（1838）に伊豆諸島代官・羽倉簡堂（1790～1862）の伊豆諸島巡見に随行して描いた 17 枚の写生図である。御蔵島難風の図は，その中の一枚である。

・大日本海路圖　天保 13 年（1842）東京海洋大学附属図書館越中島分館　所蔵

　　船が往来する道筋を航路といい，この航路を地図に示したものを航路図という。航路図は，別名，海路図とか航路絵図とも言われている。大日本海路圖には，各港間を線でつなぎ，原則として港距（両港間の距離）と方位が記入されている。

・改正日本船路細見記　嘉永 4 年（1851）東京海洋大学附属図書館越中島分館　所蔵

　　現代の水路書誌（航海の参考にする水路図）に相当する。当時の和船に備えられており，いわゆる虎の巻ともいうべきものであった。

・海路安心録　坂部広胖 著　文化 13 年（1816）東京海洋大学附属図書館越中島分館　所蔵

　　天測航法の基本，安全航海の心得，磁石の使い方等について解説した航海実務の入門書。

・船長日記 3 巻　池田寛親 著　制作年不明　写本　東京海洋大学附属図書館越中島分館　所蔵

　　船長日記は，尾張の船頭 重 吉が，漂流してから帰国するまでの体験と見分を，池田寛親が聞き取ってまとめた資料である。文政 5 年（1822）完成。

・渡海標的　石黒信由 著　天保 7 年（1836）東京海洋大学附属図書館越中島分館　所蔵

　　渡海標的は，江戸時代の和算家，測量家，天文家ある石黒信由（1760-1836）が著した航海術の書である。数学測量の見地から研究され，船の上から北極星を測る方法と図などが示されている。また，船中において真水を作るランビキ（蘭引）などが紹介されている。

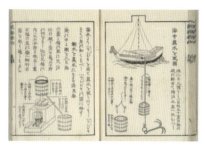

渡海標的　石黒信由 著　天保 7 年（1836）

・和磁石　本針・逆針　東京海洋大学明治丸海事ミュージアム　所蔵

　　和磁石とは，陸の目標物の方位を知るものである。

　　本針とは，方位計測のために，時計回りに「子，丑，寅，卯，…」と方角が刻まれたものである。逆針とは，反時計回りに「子，丑，寅，卯，…」と方角が刻まれたものである。これは，子（北）の方角を船首に合わせると，磁針が自船の進路を指すことになる。

和磁石　逆針

(5)　「海法学からみた『共同海損』」

・浦手形之事　豆州賀茂郡長津呂村　百姓代辰蔵他 2 名　慶応 2 年（1866）　東京海洋大学附属図書館越中島分館　所蔵

　　浦手形とは，海難事故が発生したとき，事故の証明書として地元の役人が発行したものである。この浦手形には，事故発生から救助までの状況，船体や積み荷の被害状況，積み荷や船具の処分方法などが記されている。

羽州置賜郡亥御年貢江戸御廻米積逢難風下総国銚子湊江入津ニ付吟味一件諸書物留

・羽州置賜郡亥御年貢江戸御廻米積逢難風　下総国銚子湊江入津ニ付吟味一件　諸書物留　銚子湊出役釜屋民助作成　天保 11 年（1840）東京海洋大学附属図書館越中島分館　所蔵

　　本資料は，出羽国置賜郡（現在の山形県米沢市周辺）の年貢米を江戸へ回漕する際に発生した海難事故とその処理の過程を，事故処理にあたった銚子湊の出役が記録したものである。

・福島町後藤仲右衛門船沖船頭長九郎乗難船荷物船方荷主割合帳面　明和 6 年（1769）写本複製　株式会社浅井市川海損精算所　所蔵

　　江戸中期に作成された現在の共同海損精算書に相当する写し。

第 2 回 「川」―河川・運河・河岸―

展示概要

2018 年 11 月 22 日（木）～ 2019 年 2 月 16 日（土）
主催：東京海洋大学附属図書館
共催：東京海洋大学明治丸海事ミュージアム
後援：（一財）山縣記念財団
協力（順不同）：㈱オフィス・キヨモリ，柏書房㈱，関西学院大学図書館，㈱建設技術研究所国土文化研究所，㈱講談社，江東区中川船番所資料館，江東区深川江戸資料館，国土交通省中部地方整備局天竜川上流河川事務所，国文学研究資料館，国立公文書館，国立国会図書館，小寺裕，千葉県立関宿城博物館，千葉県立中央博物館，千葉県立房総のむら，中央区立京橋図書館，東京大学附属図書館，（一社）東京都港湾振興協会，船橋市西図書館，船の科学館，田中洋平，天野綾野
実行委員会：稲石正明，佐藤秀一，塚本達郎，岩坂直人，庄司邦昭，苦瀬博仁，石田一明
担当：苦瀬博仁，安藤令，木村達司，久染健夫，森本博行
編集：東京海洋大学附属図書館越中島分館 情報サービス第二係

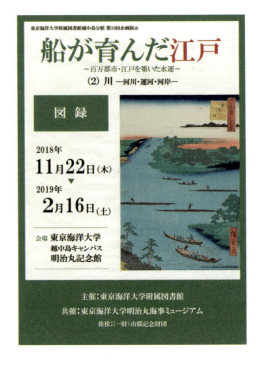

展示目録

(1) 「大都市に共通する河川の役割」

・長禄年中江戸絵図　東京大学総合図書館（南葵文庫）所蔵

　　長禄年中江戸絵図は，長禄年間（1457 ～ 1460）に描かれたものとされており，江戸図としては最も古いものに属すと考えられている。

・分間江戸大絵図　須原屋茂兵衛板行　文政 11 年（1828）165 × 165 cm　江東区中川船番所資料館 所蔵

　　分間江戸大絵図は，江戸後期の文政 11 年（1828）に日本橋の江戸版元の最大手，須原屋茂兵衛から板行されたものである。

(2) 「関東地方の河川と江戸・東京」

・利根川図志　赤松宗旦 著　安政 2 年（1855）東京海洋大学附属図書館 所蔵

　　江戸末期に作成された図誌であり，各地の名所旧跡

分間江戸大絵図

や風習を紹介している。対象地域は，利根川の中流域から河口までであり，現在の茨城県古河市付近から千葉県銚子市までに相当する。

　利根川中流域以下，下総銚子までの利根川左右両岸を扱った絵入りの地誌。

・訂正関八州全図（複製）鈴亭谷峩（梅暮里谷峩（二世））著　安政3年（1856）74.3×50.6cm　千葉県立関宿城博物館　所蔵

利根川図志

　江戸を中心とした関東地方の各地への行程を，河川と道路で示しものが「路程図」である。上部の東方向に利根川が流れ，右方向の江戸湾に江戸川や隅田川が注いでいる。現在の道路地図と違って，河川と街道の記されていることは，河川交通が重要であったことを示している。なお，江戸川と記された横には，「関宿迄川路十五里」と添え書きされている。

・従武藏國江戸経安房上總下總常陸至奥州海上　製作者・製作年不明　47.2×201.0cm　東京海洋大学附属図書館越中島分館　所蔵

訂正関八州全図

　この絵図は，武蔵國の江戸から，安房上總下總の国（現 千葉県）を廻り，常陸の国（現 茨城県）を経て，奥州（現 東北）に至る太平洋航路を示している。航路は朱線で描かれており，地名は黒字で記載されている。

・和船模型　江戸前和船　製作者・製作年不明　東京海洋大学明治丸海事ミュージアム　所蔵
・和船模型　ウタセ船（打瀬船）製作者・製作年不明　東京海洋大学明治丸海事ミュージアム　所蔵

ウタセ船（打瀬船）

　打瀬網漁に使用された，漁船に2〜3枚の帆を展張し，風の力で船体を横方向に移動させ，袋網を引いて，魚介類を獲るための船である。

・錦絵　冨士三十六景　鴻之台とね川　複製　歌川廣重　画　安政5年（1858）千葉県立関宿城博物館　所蔵
・錦絵　名所江戸百景　利ね川ばらばら松　複製　歌川廣重　画　安政3年（1856）千葉県立関宿城博物館　所蔵
・錦絵　名所江戸百景　にい宿の渡し　複製　歌川廣重　画　安政4年（1857）千葉県立関宿城博物館　所蔵
・利根川名所勝景図絵（一部複製）筆者不明　江戸時代（成立年不明）写本　966.7×27.2cm　船橋市西図書館　所蔵

冨士三十六景　鴻之台とね川

- 算額（小寺裕復元）江川英毅 奉納 享和2年（1802）9月

　江戸時代，各地の神社仏閣に奉納された算額を集録した『賽祠神算』には，〈豆州韮山江川氏邸内土祠之社算額〉とある。

- 量地指南 3巻後篇5冊　村井昌弘編述　享保18年（1733）〜寛政6年（1794）東京海洋大学附属図書館越中島分館 所蔵

　土地を量るということで「量地」であり，この指導書ということで「指南」だと思われる。江戸中期に村井昌弘によって著された測量術書である。量盤（けんばん）と呼ぶ平らな板を用いた測量術であるが，現在の平板測量にほぼ対応している。

- 量地弧度算法　奥村増貤（奥村喜三郎，奥村城山）著　天保7年（1836）東京海洋大学附属図書館越中島分館 所蔵
- 絵葉書　原題・(市川名所) 江戸川の清流　千葉県立関宿城博物館 所蔵
- 絵葉書　原題・鴻ノ台公園ノ眺望　千葉県立房総のむら 所蔵

(3)「江戸の運河と流通」

- 江戸名所圖會 7巻20冊　齋藤長秋編輯　斎藤県麻呂・斎藤月岑 校正　長谷川雪旦 畫圖　天保年間　東京海洋大学附属図書館 所蔵

　江戸地誌。江戸府内にとどまらず，西は多磨郡の府中・日野，北は浦和・大宮，東は市川・船橋辺に至るまで及び，名所旧跡，社寺仏閣などの沿革と現況を，実地踏査にもとづき記述している。

- 繪本江戸土産　歌川廣重 画　嘉永3年（1850）叙 - 慶應3年（1867）序　東京海洋大学附属図書館越中島分館 所蔵

　江戸市中及び近郊の景観を描いた淡い色刷りの地誌絵本である。それぞれに簡単な

利根川名所勝景図絵

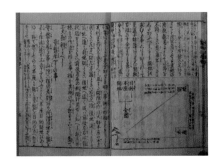

量地指南

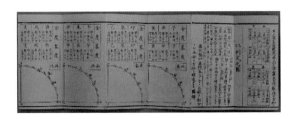

量地弧度算法

絵葉書　原題・(市川名所) 江戸川の清流

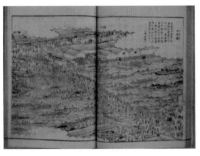

江戸名所圖會

解説を記している。1-6編は初代廣重の作品，7編は初代か二代か不明，8-10編は二代の作品とされている。
- 奥川筋海路図　江戸時代後期（複製）120×160 cm　江東区中川船番所資料館　所蔵

　本図は，関東地方の水系を図に示したもので，船による航行や物資輸送に役立つようになっている。本図の起点は江戸であり，東は銚子，北は宇都宮，西は高崎付近までの北関東一円を描いている。地図内には，川に面した河岸の名前が記され，重要な箇所には記号が記されている。

- 錦絵　名所江戸百景　中川口　複製　歌川廣重画　安政4年（1857）江東区中川船番所資料館　所蔵
- 錦絵　名所江戸百景　鎧の渡し小網町　複製　歌川廣重画　安政4年（1857）千葉県立関宿城博物館　所蔵

(4)　「江戸の河岸と，魚河岸の変遷」
- 江戸切繪圖本所深川繪圖　73.8×53.8 cm　戸松昌訓圖　文久2年（1862）東京海洋大学附属図書館越中島分館　所蔵

　武家の屋敷と神社仏閣を中心に，町家，川・堀・海，山林・原・土手などを色分けした絵図である。特に武家屋敷（上・中・下屋敷）や辻番所など記号であらわしている。また，郊外や著名な料理屋，蕎麦屋なども載せている。

- 写真　日本橋より魚がしを望む　明治44年（1911）中央区立京橋図書館　所蔵
- 写真　帝都名所　日本橋魚河岸及び　人形町馬喰町方面の遠望　年代不明　中央区立京橋図書館　所蔵
- 写真　日本橋魚市場－平田船－　日本橋魚市場に関する調査　大正11年刊　中央区立京橋図書館　所蔵
- 写真　日本橋魚市場－小揚－　日本橋魚市場に関する調査　大正11年刊　中央区立京橋図書館　所蔵
- 写真　日本橋魚河岸　明治33年（1900）中央区立京橋図書館　所蔵
- 写真　日本橋魚河岸　年代不明　中央区立京橋図書館　所蔵
- 写真　明治初年の日本橋　明治10年代　中央区立京橋図書館　所蔵
- 写真　江戸橋荒布橋－日本橋川西堀留川合流点－　季刊日本橋　明治刊　中央区立京橋図書館　所蔵

繪本江戸土産

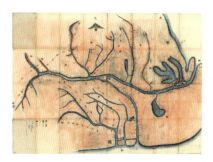
奥川筋海路図

江戸切繪圖本所深川繪圖

帝都名所　日本橋魚河岸及び
人形町馬喰町方面の遠望

第 3 回 「船」 ―船・舟・船番所―

展示概要

2019 年 11 月 21 日（木）～ 2020 年 2 月 15 日（土）
主催：東京海洋大学附属図書館
共催：東京海洋大学明治丸海事ミュージアム
後援：（一財）山縣記念財団
協力（順不同）：浦安市，浦安市郷土博物館，大洗町幕末と明治の博物館，海文堂出版株式会社，株式会社河出書房新社，木更津市郷土博物館金のすず，木更津市立図書館，倉橋歴史民俗資料館，呉市，江東区中川船番所資料館，国文学研究資料館，国立国会図書館，栄町教育委員会（千葉県），株式会社小学館，神宮文庫，竹島淳夫，千葉県立関宿城博物館，千葉県立中央博物館，千葉県立中央博物館大利根分館，千葉県立房総のむら，東京国立博物館，東京大学附属図書館，都立第五福竜丸展示館，内外地図株式会社，長崎歴史文化博物館，長門の造船歴史館，中山幸雄，日本船舶海洋工学会デジタル造船資料館，富士フイルム株式会社，物流博物館，船橋市西図書館，船の科学館，株式会社平凡社，宮崎県立西都原考古博物館，山本鉱太郎

実行委員会：庄司るり，塚本達郎，岩坂直人，庄司邦昭，苦瀬博仁
担当：苦瀬博仁，庄司邦昭，小堀信幸，仲野光洋，大貫伸，久染健夫
編集：東京海洋大学附属図書館　企画展示ワーキンググループ

展示目録

（1）「江戸の絵図」

・長禄年中江戸絵図　東京大学総合図書館（南葵文庫）所蔵

　長禄年中江戸絵図は，長禄年間（1457 ～ 1460）に描かれたものとされており，江戸図としては最も古いものに属すと考えられている。

・分間江戸大絵図　須原屋茂兵衛板行　文政 11 年（1828）165 × 165 cm　江東区中川船番所資料館　所蔵

　分間江戸大絵図は，江戸後期の文政 11 年（1828）に日本橋の江戸版元の最大手，須原屋茂兵衛から板行されたものである。

分間江戸大絵図

(2) 「船の歴史と構造」
・和漢舩用集　金沢兼光　著　明和3年（1766）東京海洋大学附属図書館越中島分館　所蔵

　金沢兼光は，大坂の船匠（船大工）である。
　「和漢舩用集」は，和船と中国船に関して記したもので，十二巻で構成されている。
・和漢三才図会　寺島良安　著　正徳2年（1712）東京海洋大学附属図書館越中島分館　所蔵
・船由来記　池田松翁軒　著　元禄16年（1703）東京海洋大学附属図書館越中島分館　所蔵
・萬祥廻船往来　十返舎一九　著　文政6年（1823）東京海洋大学附属図書館越中島分館　所蔵

　十返舎一九は，江戸時代後期の戯作者であり，日本で初めて文章のみで著された「東海道中膝栗毛」の作者である。「萬祥廻船往来」は，日本における船の歴史，船舶の種類と用途，および各部の名称と機能・材質などについて記している。また，船の守護神である住吉大明などについても記してある。
・異国渡海船図（複製）製作者・製作年不明　写本 85.5 × 56.0 cm　長崎歴史文化博物館　所蔵
・和船模型　製作者・製作年不明　東京海洋大学明治丸海事ミュージアム　所蔵

(3) 「江戸の海運を支えた船」（菱垣廻船・樽廻船と小型船）
・菱垣廻船并ニ渡海之図　巻子装（複製）製作者・製作年不明　写本 85.5 × 56 cm　物流博物館　所蔵
・弁財船古写真　明治期　富士フイルム株式会社　所蔵
・第一武蔵湾（複製）酒井喜煕　安政2年（1855）木版 38 × 60 cm　船橋市西図書館　所蔵

　酒井喜煕は，水戸藩士で，9代藩主徳川斉昭に重用された。
　「第一武蔵湾」は，馬入川の河口付近から房総白浜付近までの範囲が描かれているとされている。この図には，船舶に対する常と考えられる船つなぎや沖掛りの様子などの説明が海面上の余白にある。また，主要港間の海上航路は朱線で引かれ距離が添えられている。

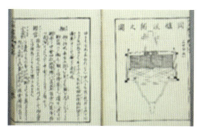
和漢舩用集

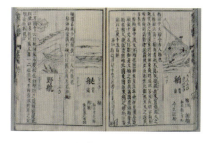
和漢三才図会

異国渡海船図

菱垣廻船并ニ渡海之図（菱垣廻船部分）

第一武蔵湾

- 錦絵　山海見立相撲　上総木更津（複製）歌川廣重　安政5年（1858）船橋市西図書館 所蔵
- 絵葉書　木更津の海岸　五大力船（大正〜昭和）木更津市立図書館 所蔵
- 錦絵　富嶽三十六景　神奈川沖浪裏（複製）葛飾北斎　天保元－天保3年（1830-32）頃　東京国立博物館 所蔵
- 船鑑　制作者不明　享和2年（1802）写本　船の科学館 所蔵

　　関東一円の33種類の川船及び海川兼用船が克明な彩色で描かれている。幕府川船役所が租税徴収のために用いたものと考えられ，船の構造・特徴を克明に記した貴重な資料である。

山海見立相撲　上総木更津

船鑑

(4)「利根川水系の水運―高瀬船とその操船―」

- 海路安心録　坂部広胖 著　文化13年（1816）東京海洋大学附属図書館越中島分館 所蔵

　　和算家・坂部広胖による江戸時代後期の航海技術書。球面三角法を用いた天測航法の基本，安全航海の方法と心得，磁石の使い方等を記している。

- 廻船　寶　富久呂（かいせんたからぶくろ）　奥村増䈄 著　天保10年（1839）東京海洋大学附属図書館越中島分館 所蔵
- 方向針筋廻船用心記（ほうこうしんきんかいせんようじんき）　三浦茂樹序　天保12年（1841）東京海洋大学附属図書館越中島分館 所蔵
- 改正日本船路細見記　美啓編　嘉永4年（1851）東京海洋大学附属図書館越中島分館 所蔵
- 錦絵　江戸近郊八景　行徳帰帆　歌川廣重　天保9年（1838）国立国会図書館 所蔵
- 利根川全図　安政2年（1855）216×25.7 cm　国文学研究資料館"利根川圖志"新日本古典籍総合データベース（URL：https://kokusho.nijl.ac.jp/biblio/200019463/1?ln=ja）
- 和磁石2点　東京海洋大学明治丸海事ミュージアム 所蔵

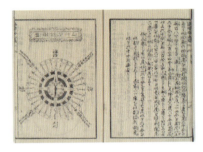

海路安心録

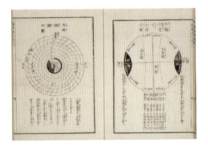

方向針筋廻船用心記

江戸近郊八景　行徳帰帆

・小方儀　天保12年（1841）製作　東京海洋大学明治丸海事ミュージアム　所蔵

　「小方儀」とは，伊能忠敬が簡単に方位を測る測量器具として開発した方位磁石である。別名，弯窠羅鍼（わんからしん），杖先方位盤（つえさきほういばん）とも称した。

・絵葉書　松戸町ヨリ葛飾橋ノ眺望　大正期　千葉県立房総のむら　所蔵
・絵葉書　江戸川の帰帆　千葉県立房総のむら　所蔵
・絵葉書　水郷名勝利根川牛堀河岸の景　千葉県立大利根博物館　所蔵
・写真　樽を運ぶ高瀬舟　昭和初期　千葉県立大利根博物館　所蔵
・写真　長門橋と高瀬船　昭和初期　千葉県栄町教育委員会　所蔵

小方儀

江戸川の帰帆

(5)　「中川番所と小名木川の通行」
・中川御関所通行手形（複製）江東区中川船番所資料館　所蔵
・中川御制札記（複製）伊勢神宮　所蔵
・奥川筋海路図（複製）江戸後期　120×160cm　江東区中川船番所資料館　所蔵

　本図は，関東地方の水系を図に示したもので，船による航行や物資輸送に役立つようになっている。本図の起点は江戸であり，東は銚子，北は宇都宮，西は高崎付近までの北関東一円を描いている。地図内には，川に面した河岸の名前が記され，重要な箇所には記号が記されている。

・船鑑札　明治7年（1874）東京海洋大学明治丸海事ミュージアム　所蔵

　「船鑑札」とは，江戸時代において，浦役人が船の所属を定め，船籍を明らかにして，船主の監督・取締りのために発行した船籍証明書である。

・船往来手形　東京海洋大学附属図書館　所蔵

船鑑札

船往来手形

第4回 「恵み」―商品・取引・文化―

展示概要

2020年11月17日（火）～2021年2月16日（火）

主催：東京海洋大学附属図書館
共催：東京海洋大学明治丸海事ミュージアム
後援：(一財) 山縣記念財団
協力（順不同）：青苧復活夢見隊，おいしい山形推進機構，大阪市立図書館，太田記念美術館，株式会社オフィス・キヨモリ，株式会社こちずライブラリ，株式会社小学館，関西学院大学図書館，金融庁，クックパッド株式会社，車浮代，群馬県立渋川青翠高等学校，群馬県立歴史博物館，有限会社源草社，江東区中川船番所資料館，江東区深川江戸資料館，国文学研究資料館，国立国会図書館，国立情報学研究所，株式会社ダイヤモンド社，千葉県立関宿城博物館，千葉県立中央博物館，中央区立京橋図書館，東京大学附属図書館，東京都立図書館，株式会社日刊食料新聞社，日本銀行金融研究所貨幣博物館，日本取引所グループ，公益財団法人白鹿記念酒造博物館，公益財団法人髙梨本家花輪歴史館，廣野勝，船橋市西図書館，船の科学館，株式会社平凡社，防府市，株式会社ワニブックス

実行委員会：庄司るり，井関俊夫，岩坂直人，庄司邦昭，苦瀬博仁
担当：苦瀬博仁，大浦和也，中山剛志，森本博行，久染健夫
編集：東京海洋大学附属図書館　企画展示ワーキンググループ

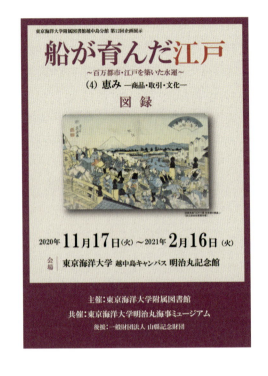

展示目録

(1) 「江戸の絵図」

- 長禄年中江戸絵図　東京大学総合図書館（南葵文庫）所蔵

    長禄年中江戸絵図は，長禄年間（1457～1460）に描かれたものとされており，江戸図としては最も古いものに属すと考えられている。

- 分間江戸大絵図　須原屋茂兵衛板行　文政11年（1828）165×165 cm　江東区中川船番所資料館　所蔵

    分間江戸大絵図は，江戸後期の文政11年（1828）に日本橋の江戸版元の最大手，須原屋茂兵衛から板行されたものである。

分間江戸大絵図

(2)「廻船で江戸を酔わせた上方の酒文化」
・江戸名勝図会　新酒番船江戸新川入津図（複製）歌川廣重（二代目）文久元年～元治元年（1861～1864）関西学院大学図書館　所蔵

新酒番船江戸新川入津図
（出典：関西学院大学図書館　所蔵）

　これは二代廣重の代表作である「江戸名勝図会」のうち，現在知られる71枚の中の1枚である。新酒番船とは，享保12年（1727）頃から始まった行事で，約10艘の廻船が大坂もしくは西宮を同時に出帆して，その年の最初の酒を江戸に輸送する速さを競うレースであった。

・錦絵　菱垣新綿番船川口出帆之図（複製）含粋亭芳豊　画　安政期（1854-1859）頃　37×76.5 cm　船の科学館　所蔵
・江戸積酒屋番付（複製）製作者・製作年不明　写本 45.3×31.5 cm　関西学院大学図書館所蔵

錦絵　菱垣新綿番船川口出帆之図

・東都淺草繪圖　井山能知圖　文久元年（1861）50×55 cm　東京海洋大学附属図書館越中島分館　所蔵

　嘉永年間刊行図を中心とする尾張屋板江戸切絵図28図。本図の収図範囲は，台東区浅草雷門から神田川までの南部地域。

・御米倉絵図（複製）江戸中期　48.3×127 cm　船の科学館　所蔵

東都淺草繪圖

・写真　堂島米穀取引所　撮影年不明　大坂市立図書館　所蔵
・和船模型　東京海洋大学明治丸海事ミュージアム　所蔵

堂島米穀取引所

(3)「上州からの山の幸 －利根川で結ぶ江戸－」
・日本山海名物圖繪 5巻　平瀬徹齋撰，長谷川光信　画　寛政9年（1797）東京海洋大学附属図書館　所蔵
・日本山海名産圖會 5巻　木村兼葭堂著，蔀関月　画　寛政11年（1799）東京海洋大学附属図書館　所蔵
・利根川図志　赤松宗旦 著　安政2年（1855）東京海洋大学附属図書館　所蔵

日本山海名物圖會

- 関八州田舎分限角力番付（複製）製作年不明　47.2 × 32.7 cm　船橋市西図書館 所蔵

  穀物・干鰯・醤油・酒・小間物・呉服などがあげられており，18世紀なかばから関東の地場産業が発達していたことがうかがえます。これら商品は地廻り荷物と呼ばれ，江戸へと運ばれました。

- **本朝食鑑 12 巻**　人見必大 著　元禄 5 年（1692）東京海洋大学附属図書館 所蔵

  江戸前期の食物本草書。庶民の日常生活の食膳にのぼることの多い国産食物に重点をおき，和名中心として，12 巻 10 冊本として刊行。

- 大日本物産図絵　下総醤油造の図（複製）歌川廣重（三代目）画　明治 10 年（1877）千葉県立関宿城博物館 所蔵

- 下河岸　醤油積み出し写真　大正時代〜昭和初期　増田家 所蔵　公益財団法人高梨本家　上花輪歴史館写真提供

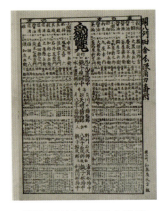

関八州田舎分限角力番付

下河岸　醤油積み出し写真

（4）「江戸湾の海の幸 －江戸前の昔と今－」

- 江戸名所圖會 7 巻 20 冊　齋藤長秋編輯　斎藤県麻呂・斎藤月岑 校正　長谷川雪旦畫圖　天保年間　東京海洋大学附属図書館 所蔵
- 魚かゞみ 2 巻　武井周作 著　天保 2 年（1831）東京海洋大学附属図書館 所蔵

  武井周作は住居を日本橋長浜町に移したのを好機として，近くの魚市場で魚介類を観察し，産地や漁期や食べ方などを尋ね，さらに文献を調べて『魚鑑』を完成。133 種の魚介類について，いろは順に配列して記述しており，読み物としてもおもしろい本。

- 利根川名所勝景図絵（複製）筆者不明　江戸時代（成立年不明）966.7 × 27.2 cm　船橋市西図書館 所蔵
- 勇魚取繪詞　小山田與清 著　天保 3 年（1832）東京海洋大学附属図書館 所蔵
- 鯨肉調味方　小山田與清 著　天保 3 年（1832）東京海洋大学附属図書館 所蔵
- 写真　帝都名所日本橋魚河岸及び人形町馬喰町方面の遠望　年代不明　中央区立京橋図書館 所蔵

魚かゞみ

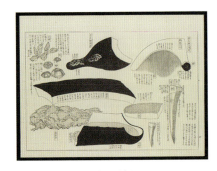

勇魚取繪詞

- 写真　江戸橋より魚河岸を望む　日本橋記念誌　明治44 年（1911）刊　中央区立京橋図書館　所蔵
- 錦絵　東都名所 日本橋真景并ニ魚市全図（複製）渓斎英泉　画　江戸後期　37.3 × 76.3 cm　国立国会図書館　所蔵
- 繪本江戸土産 10 巻　歌川廣重　画　嘉永 3 年叙～慶應 3 年序（1850 ～ 1867）東京海洋大学附属図書館越中島分館　所蔵

帝都名所日本橋魚河岸及び人形町馬喰町方面の遠望

(5)「川と船が醸成した江戸文化」
- 錦絵　江戸八景　日本橋の晴嵐（複製）渓斎英泉　画　弘化（1843 ～ 1846）国立国会図書館　所蔵
- 日々徳用倹約料理角力番附取組（複製）幕末頃　18.2 × 23.8 cm　東京都立図書館加賀文庫　所蔵

　江戸時代のおかずの為の番付。「きんぴらごぼう」や「煮豆」，「めざし　いわし」など，現在でもおなじみのメニューなどが散見される。

東都名所　日本橋真景并ニ魚市全図

- 素人庖丁 3 編　歌川廣重　画　享和 3 年～文政 3 年（1803-1820）東京海洋大学附属図書館　所蔵
- 魚類精進　早見献立帳　歌川廣重　画　天保（1830 ～ 1844）頃　東京海洋大学附属図書館　所蔵
- 錦絵　縞揃女弁慶［安宅の松］（複製）歌川国芳　画天保 15 年（1844）刊　東京都立図書館　所蔵

　江戸で一番贅沢なすしとして有名な深川安宅六軒堀（江東区新大橋あたり）にあった「松ヶ鮨」を描いた作品。

江戸八景　日本橋の晴嵐

- 錦絵　東都名所高輪廿六夜　待遊興之図（複製）歌川廣重　天保（1830 ～ 1844）末期　36.7 × 25 cm　国立国会図書館　所蔵
- 新版御府内流行名物案内双六（複製）歌川芳艶　画　弘化 4 年（1847）―嘉永 5 年（1852）頃　70.5 × 50.1cm　国立国会図書館　所蔵

　日本橋朝市を振出しとして，山王御祭礼で上がる絵双六です。双六の形式を取りながら，当時江戸で流行していた名物を描いています。食べ物や飲食店の名前も数多く見ることができます。

素人庖丁

縞揃女弁慶［安宅の松］
（出典：東京都立中央図書館　所蔵）

新版御府内流行名物案内双六

執筆者紹介

岩坂 直人（いわさか なおと）※［1章 1-2］
東京海洋大学教授
東北大学大学院理学研究科博士課程後期修了，理学博士。1989年 東京商船大学講師，1990年より助教授，2003年 大学統合により東京海洋大学准教授，2006年より教授。2012年から2015年まで海洋工学部長。
専門は海洋物理学，気象学，特に大規模大気海洋相互作用。
著書：『水産ハンドブック（第1章 第3節 第2項 B生息環境 a水温・塩分・流動）』（講談社サイエンティフィク，2012年），「2005/06年 日本の寒冬・豪雪（第17章）」（日本気象学会，気象研究ノート，2007年，大野祐子・岩坂直人）

苦瀬 博仁（くせ ひろひと）［1章 1-1, 1-4, 2章 2-1, 3章 3-3］
東京海洋大学名誉教授
早稲田大学理工学部土木工学科卒業。同大学大学院博士課程修了。1981年，日本国土開発㈱。1986年 東京商船大学助教授，1994年より教授，2003年 大学統合により東京海洋大学教授。2009年から2012年，東京海洋大学理事・副学長（教育学生支援担当）。2014年から2021年まで流通経済大学教授。この間，フィリピン大学工学部客員教授，東京大学大学院医学系研究科客員教授。
専門分野：ロジスティクス，都市計画，物流など
主要著書：『ソーシャル・ロジスティクス』（白桃書房，2022年），『新・ロジスティクスの歴史物語』（白桃書房，2022年），『増補改訂版，ロジスティクス概論』（白桃書房，2021年），『物流と都市地域計画』（大成出版社，2020年），『サプライチェーン・マネジメント概論』（白桃書房，2017年），『ビジネスキャリア検定試験標準テキスト，第4版』（社会保険研究所，2024年）等

大貫 伸（おおぬき しん）［1章 1-3, 3章 3-4］
内外地図株式会社執行役員，日本環境災害情報センター会長，一般社団法人地図協会理事，海事補佐人
1957年 東京都杉並区生まれ。1980年 東京商船大学航海科卒業，山下新日本汽船㈱入社。1998年（公社）日本海難防止協会入社。2012年 日本環境災害情報センター会長。2018年 内外地図株式会社入社。2023年 一般社団法人地図協会理事。
専門は地図，環境災害，北極海航路，船舶起因の海洋汚染防止，ESIマップ，沈没船からの油流出，船舶事故史等。

仲野 光洋（なかの こうよう）［1章 1-4, 3章 3-3］
会社役員（海運），元東海タンカー ㈱会長
1970年 南山大学経済学部経済学科卒業。同年，東海タンカー入社。1982年から1996年，東海タンカー㈱社長，1989年から2019年，全国内航タンカー海運組合東海支部長。1996年から2019年，東海タンカー㈱会長。1999年 中京大学大学院 経営学研究科 修士課程終了，2005年 東京商船大学（現 東京海洋大学）大学院博士課程修了，博士（工学）
2005年から2007年，中京大学大学院 経営学研究科 客員教授
専門分野　企業経営（中小企業 −特に海運物流企業）

研究分野　日本の海運物流史・現在の内航海運

木村 達司（きむら たつし）［2章 2-2］
早稲田大学大学院 理工学研究科 修士課程修了，技術士（建設，総合技術監理）。1978 年 株式会社建設技術研究所入社，2022 年 株式会社建設技術研究所退社
共著：『子どもが遊びを通じて自ら学ぶ 水辺のプレイフルインフラ』（技報堂出版，2022 年）

久染 健夫（ひさぞめ たけお）［2章 2-3, 2-4 (1)～(2), 3章 3-5, 4章 4-4］
江戸東京郷土史研究者
東洋大学文学部史学科卒業。同大大学院日本文学研究科日本史学専攻修士課程修了。1981 年 荒川区教育委員会文化財調査員，1985 年 江東区教育委員会文化財専門員。1990 年 財団法人江東区地域振興会に入り江東区文化センター勤務。1995 年 江東区深川江戸資料館勤務。2008 年 江東区中川船番所資料館勤務。2010 年 深川江戸資料館次長，2011 年 中川船番所資料館担当係長，2012 年 同館次長。2017 年以降再雇用。2020 年から歴史講座・史跡巡り等講師。
専門分野　日本近世史
著書：『中川船番所資料館ブックレット　海岸線が物語る江東の歴史』（2017 年），『久染さんと歩く　そめ散歩 BOOK』（2024 年）
共著：『川越市史』（1983 年），『江東区史』（1997 年），『日本歴史地名体系 13　東京都』（2002 年），『総和町史 資料編 近世』（2004 年），『総和町史 通史編 近世』（2005 年）

森本 博行（もりもと ひろゆき）［2章 2-4 (3)～(7), 4章 4-3］
株式会社　オフィス・キヨモリ代表取締役
中央大学法学部法律学科卒業，1979 年 東京都入都，1985 年 中央卸売市場築地市場勤務
2008 年 東京都中央卸売市場築地市場場長（第 18 代），2013 年 東京都を退職，コンサルタント業 オフィス・キヨモリを開業。
著書：『「築地」と「いちば」―築地市場の物語』（都政新報社，2008 年）

庄司 邦昭（しょうじ くにあき）［3章 3-1, 3-2］
東京海洋大学名誉教授
横浜国立大学工学部造船工学科卒業，東京大学工学系研究科船舶工学専門課程博士課程修了。1975 年 東京商船大学講師，1992 年 同大学教授，2003 年 大学統合により東京海洋大学教授。2011 年 10 月から 2017 年 9 月まで運輸安全委員会委員。
著書：『航海造船学（2 訂版）』（海文堂出版，2023 年），『図説 船の歴史』（河出書房新社，2010 年）

小堀 信幸（こぼり のぶゆき）［3章 3-2］
公益財団法人日本海事科学振興財団 船の科学館 学芸部アドバイザー・学芸員
東海大学海洋学部水産学科漁業コース卒業。1974 年 財団法人日本海事科学振興財団 船の科学館，
1975 年 学芸員資格取得（国立社会教育研修所），1976 年 社会教育主事資格取得（国立社会教育研修所），
1977 ～ 1979 年 宇宙科学博覧会協会出向，2000 年 学芸部長，2006 ～ 2019 年 東京文化財研究所保存修復科学センター客員研究員，2010 年 3 月 財団法人日本海事科学振興財団 船の科学館退職。2010 年 4 月 再雇用，船の科学館学芸部調査役学芸員，2024 年 現職。
共著：「「二式大艇」保存の記録」（『未来につなぐ人類の技 ①航空機の保存と修復』（2000 年）），「船の保存の

現状と課題」（『未来につなぐ人類の技 ②船舶の保存と修復』（2002 年））

共編：「船の科学館叢書 1 重要文化財阿波藩御召鯨船 千山丸（2004 年）」，「叢書 5 雛形から見た弁才船 上（2005 年）」，「叢書 6 雛形から見た弁才船 下（2011 年）」

大浦 和也（おおうら かずや）［4 章 4-1］

白鹿記念酒造博物館 学芸員

山口大学人文学部人文社会学科卒業。大阪大学大学院文学研究科文化形態論専攻修了。2012 年 1 月，辰馬本家酒造株式会社に入社。同日より公益財団法人白鹿記念酒造博物館に学芸員として出向し現職。2023 年 4 月より酒史学会「酒史研究」編集委員。

専門分野：近世酒造史

主要論文：「幕末期上方酒造家の廻船所有 ―酒荷の積荷動向と運用の分析を通して」（海事交通研究 68，2019 年），「幕末期上方酒造家の江戸積 ―下り酒問屋との関係構築をめぐって」（酒史研究 38，2023 年），「幕末期上方酒造家の樽廻船経営 ―辰屋吉左衛門所有・辰吉丸を事例に」（酒史研究 39，2024 年）

中山 剛志（なかやま たけし）［4 章 4-2］

群馬県立渋川青翠高等学校 教諭

國學院大學文学部史学科卒業。2005 年，群馬県立前橋西高等学校教諭。2009 年，群馬県立歴史博物館学芸係。2014 年，学芸員資格取得。2019 年 4 月より現職。

主要論文：「洛中洛外図屛風展を振り返って ―三館共同企画展の総括から見えてくるもの」（「博物館研究 Vol.47 No.11 通巻 533 号」日本博物館協会，2012 年），「交通史から見る近世上州と関東の地域性」（「群馬県立歴史博物館紀要 第 35 号」2014 年），「倉賀野河岸・宿の基礎的研究」（「群馬県立歴史博物館紀要 第 37 号」2016 年），「天明期における幕府天文方の動向～徳川宗家文書を中心に～」（「群馬県立歴史博物館紀要 第 40 号」2019 年）

（※は代表者。以降，執筆順）

ISBN978-4-303-63444-5

船が育んだ江戸

2025 年 2 月 10 日　初版発行　　　　　　　　　　　　　Ⓒ 2025

編　者　東京海洋大学「船が育んだ江戸」編集委員会　　　検印省略
発行者　岡田雄希
発行所　海文堂出版株式会社
　　　　本　社　東京都文京区水道2-5-4（〒112-0005）
　　　　　　　　電話 03（3815）3292　FAX 03（3815）3953
　　　　　　　　https://www.kaibundo.jp/
　　　　支　社　神戸市中央区元町通3-5-10（〒650-0022）
日本書籍出版協会会員・工学書協会会員・自然科学書協会会員

PRINTED IN JAPAN　　　　　　　　　　　　　　印刷／製本　シナノ

JCOPY ＜出版者著作権管理機構　委託出版物＞

本書の無断複製は著作権法上での例外を除き禁じられています。複製される
場合は，そのつど事前に，出版者著作権管理機構（電話 03-5244-5088，FAX
03-5244-5089，e-mail: info@jcopy.or.jp）の許諾を得てください。